W0222932

Zu diesem Buch

Unsere Kinder wachsen in einer hochtechnisierten Welt auf, Technik ist für sie etwas Selbstverständliches, „Natürliches". In diesem Bereich Einzelheiten zu entdecken, zu lernen, wie etwas funktioniert, ist für Kinder höchst interessant.

Dieses Buch vermittelt erste Einblicke in die Welt der Luftfahrt. In spielerischer Form wird die Entwicklung vom ersten Flugversuch bis zur Eroberung des Weltraums dargestellt. Was gibt es auf dem Flugplatz zu sehen? Was muß ich tun als Passagier? Welche „Sportarten der Lüfte" gibt es? Wie heißen die verschiedenen Flugzeuge, Satelliten und Raketen? In diesem Buch findet man alles Wissenswerte, der große Traum der Menschheit, Fliegen – hier ist er eingefangen. Kinder und Erwachsene werden gleichermaßen begeistert sein.

Inhalt

FLUGZEUGE
BALLONS UND RAKETEN

CHRISTOPHER RAWSON

ILLUSTRIERT VON
STEPHEN CARTWRIGHT

Auf jeder Doppelseite ist irgendwo im Bild eine kleine Ente versteckt. Kannst Du sie finden?

Die ersten Flugversuche

Seit vielen hundert Jahren wollten die Leute fliegen. Niemand wußte, wie das gehen sollte, aber sie versuchten es immer wieder.

Im Jahre 1487 zeichnete Leonardo da Vinci eine Flugmaschine. Die Leute lachten und sagten, daß sie nie funktionieren würde.

Im Jahre 1507 wollte John Damian von Schottland nach Frankreich fliegen. Er hatte sich dafür Flügel aus Federn gemacht.

Er sprang von einem hohen Turm. Aber die Flügel trugen ihn nicht, und er landete mitten in einem Misthaufen.

Sir George Cayley baute im Jahre 1853 den ersten Gleiter, der tatsächlich vom Boden abhob und durch die Lüfte flog.

Der Gleiter wurde einen Abhang hinuntergezogen, bis er abhob. Er flog, von seinem Kutscher gesteuert, über ein Tal.

Aber als der Gleiter gelandet war, hatte der Kutscher schreckliche Angst und weigerte sich, künftig für Sir George zu arbeiten.

Einige Leute dachten, sie würden fliegen können, wenn sie an ihren Fahrrädern Tragflächen befestigten.

Aber es war ihnen unmöglich, die Pedale schnell genug zu treten, und so schafften sie es nicht, vom Boden abzuheben.

Dieser Franzose baute ein Flugzeug, das wie eine Fledermaus aussah. Es hatte eine Dampfmaschine, flog aber nie richtig.

Otto Lilienthal

Dieser berühmte deutsche Pilot baute und flog im Jahre 1891 den ersten Hängegleiter.

Er rannte mit seinem Gleiter einen Hügel hinunter, bis er sich in die Lüfte erhob.

Jean Marie le Bris

Ein anderer Franzose band seine Flugmaschine an einen Karren, um so zu starten.

Die Seile wurden abgeschnitten, als der Karren bergab rollte. Aber das Flugzeug flog nicht.

Felix du Temple

Das erste Flugzeug, das mit Motorkraft startete, sah so aus wie das oben abgebildete.

Es rollte über eine geneigte Rampe, um in Fahrt zu kommen, und flog am Ende davon.

Aber die Dampfmaschine, die den Propeller antrieb, war zu schwer.

So stürzte das Flugzeug nach nur wenigen Metern in der Luft wieder auf den Boden.

Flugpioniere

Zwei Fahrradhersteller in Amerika, sie hießen Wilbur und Orville Wright, hatten schon immer fliegen wollen.

Sie studierten die Zeichnungen anderer Leute sowie die Pläne von Flugzeugen und sahen den Vögeln beim Flug zu.

Ihre erste Flugmaschine hatte keinen Motor. Sie hob sich bei starkem Wind vom Erdboden ab.

Manchmal stürzten sie ab, aber sie versuchten es immer wieder und lernten schließlich, wie man eine Flugmaschine lenkt.

Die Luftfahrtschau in Reims

Die erste große Luftfahrtschau wurde im Jahre 1909 auf dem Feld eines Bauern in der Nähe von Reims in Frankreich abgehalten. Von 38 Flugzeugen starteten nur 23. Es gab eine Menge Wettbewerbe, um festzustellen, welches Flugzeug ohne anzuhalten am höchsten, am weitesten und am schnellsten fliegen konnte und welches die meisten Passagiere tragen konnte.

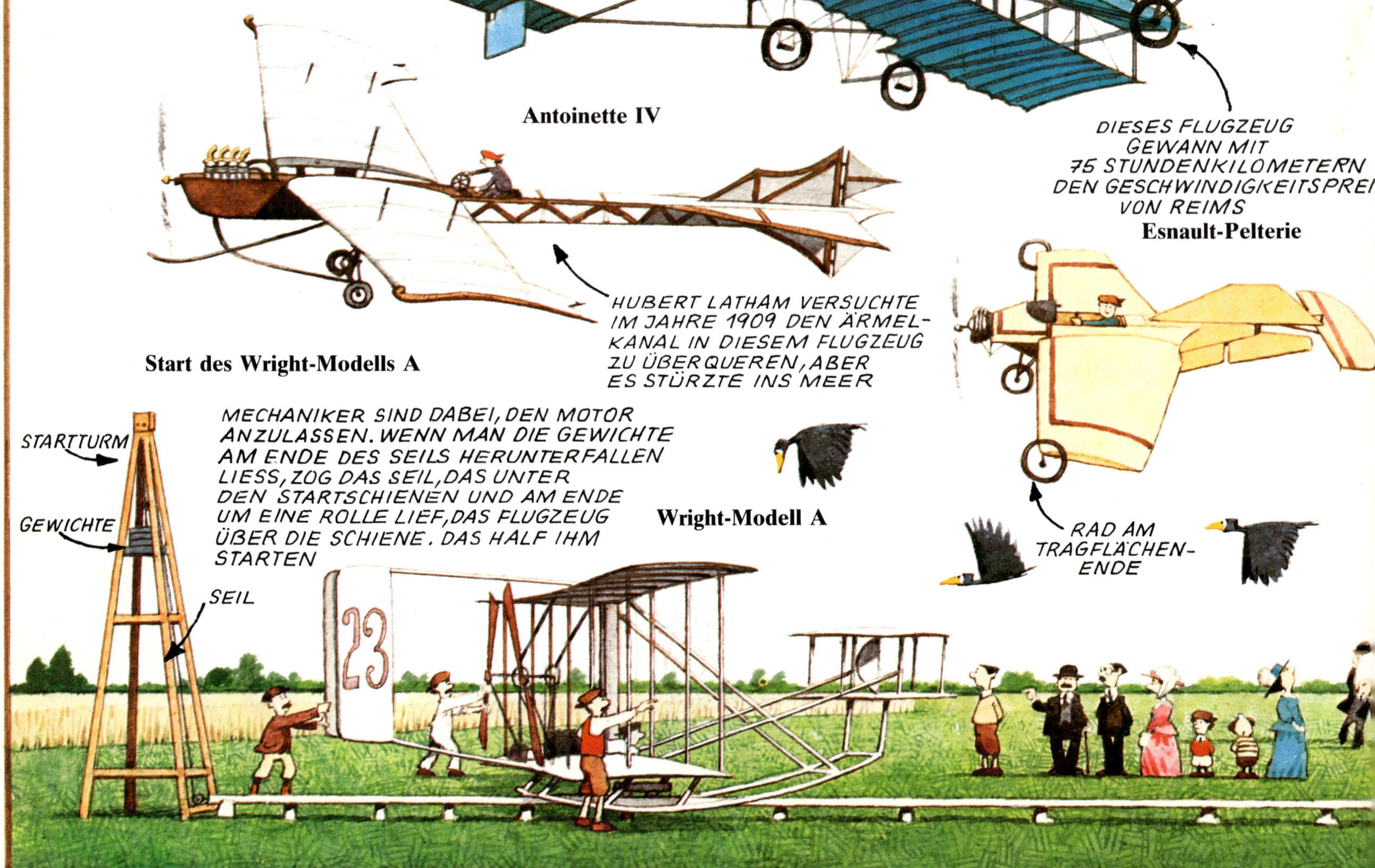

Dann bauten sie für ihr nächstes Flugzeug eine spezielle Flugzeugmaschine mit zwei Propellern.

Sie warfen eine Münze, um zu entscheiden, wer von ihnen als erster fliegen sollte. Wilbur gewann – aber er stürzte ab.

Zwei Tage später, als die Flugmaschine wieder repariert war, kam Orville an die Reihe. Er hatte Erfolg.

Das Flugzeug der Gebrüder Wright startete und schaffte drei erfolgreiche Flüge. Das war am 17. Dezember 1903.

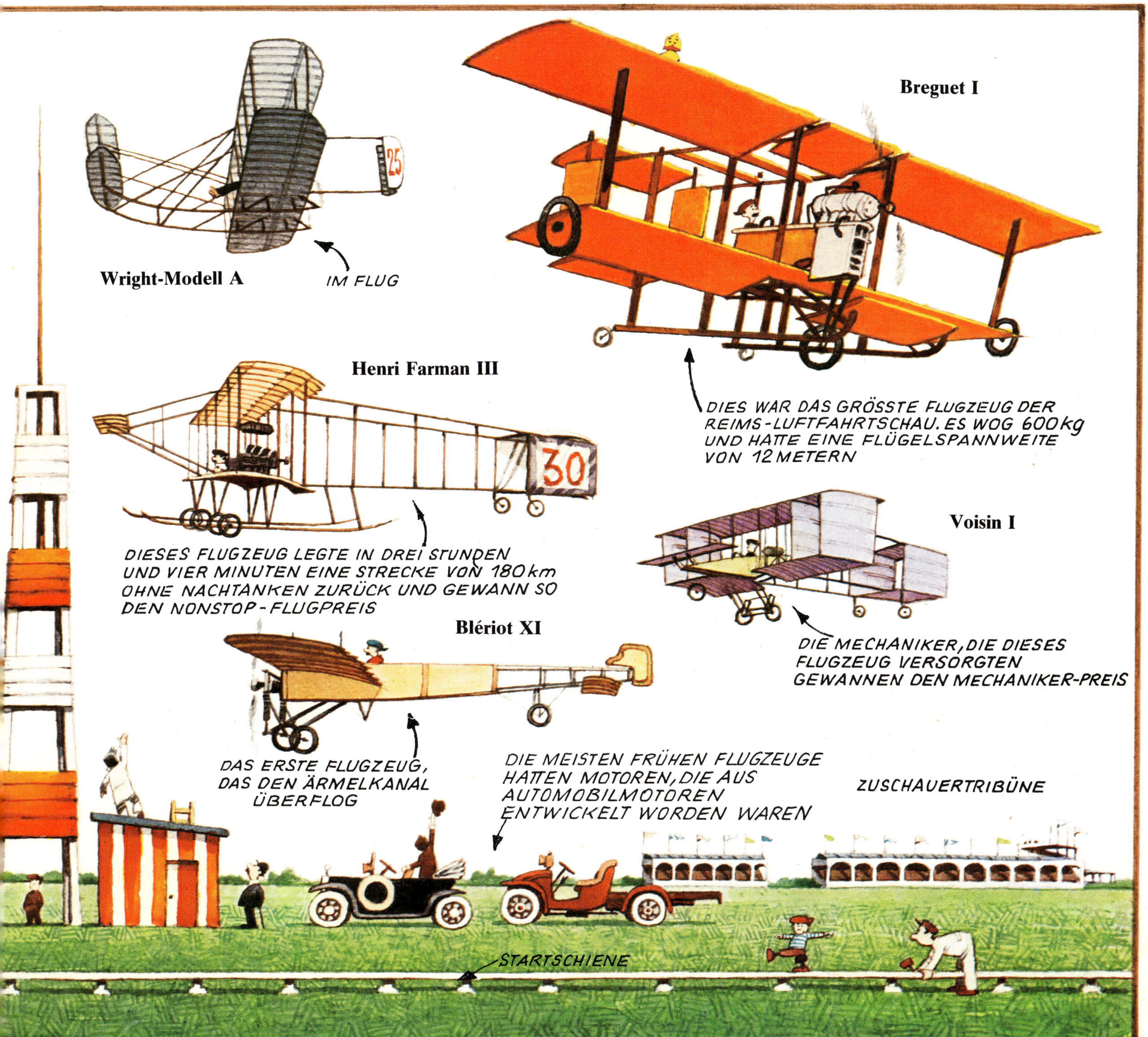

Kämpfe in der Luft

Als im Jahre 1914 der Erste Weltkrieg begann, glaubten die meisten Leute, niemand würde imstande sein, in der Luft zu kämpfen. Ursprünglich wurden Flugzeuge auch nur für Zwecke der Spionage und der Fotografie eingesetzt. Aber dann begannen die Piloten, auch feindliche Flugzeuge anzugreifen.

Morane Saulnier
Dieser Eindecker wurde in Frankreich hergestellt. Er konnte 163 Kilometer pro Stunde erreichen. Ein Pilot versuchte, feindliche Flugzeuge einzufangen, indem er mit einem Anker nach ihnen warf.

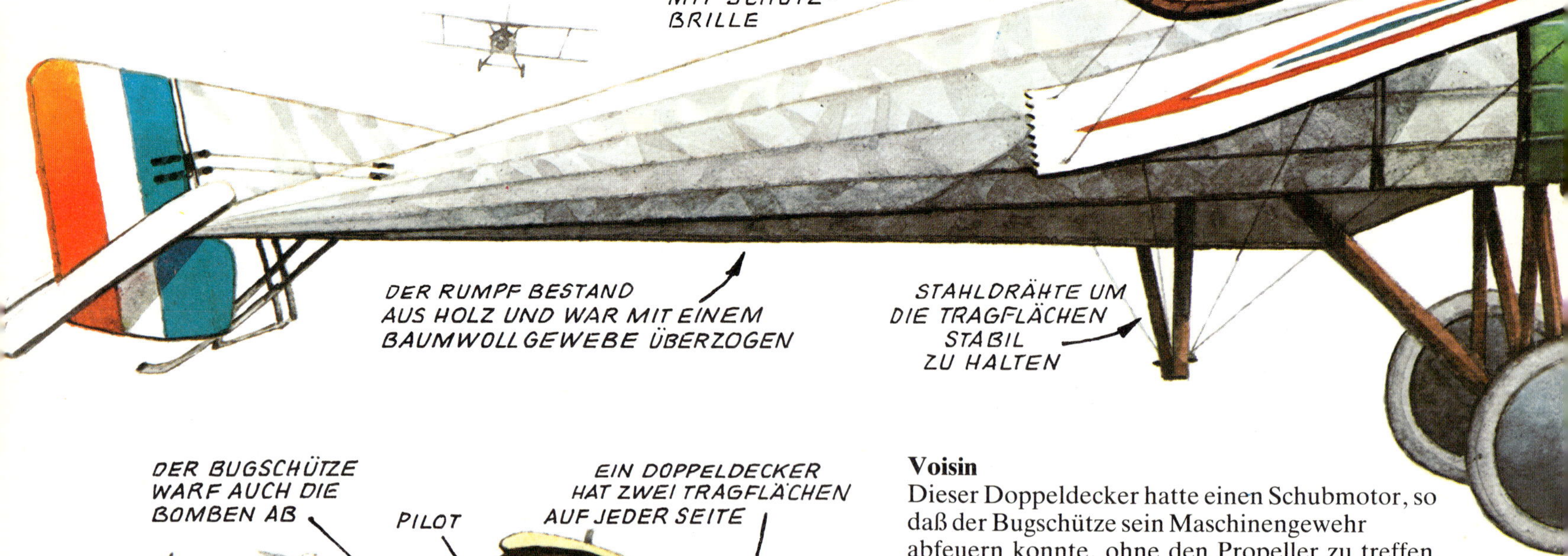

Voisin
Dieser Doppeldecker hatte einen Schubmotor, so daß der Bugschütze sein Maschinengewehr abfeuern konnte, ohne den Propeller zu treffen.

Curtis H-12
Dieses amerikanische Flugboot konnte mit nur 136 Stundenkilometern fliegen. Die Mannschaft bestand aus vier Mann: zwei Piloten, ein Funker und ein Maschinist.

Flugboote können auf dem Wasser starten und landen (man nennt das „wassern"). Im Ersten Weltkrieg wurden sie dazu eingesetzt, feindliche Unterseeboote ausfindig zu machen und sie mit Bomben zu versenken.

Fokker Dr. 1
Ein Holländer namens Anthony Fokker baute diesen Dreidecker. Seine Höchstgeschwindigkeit betrug 185 Stundenkilometer. Er baute die Maschine mit drei Tragflächen, damit der Pilot schneller wenden und feindliche Maschinen abschießen konnte.

Ein Dreidecker, der wie dieser hier rot gestrichen war, wurde von Baron von Richthofen geflogen, einem berühmten deutschen Piloten. Er schoß 80 feindliche Flugzeuge ab.

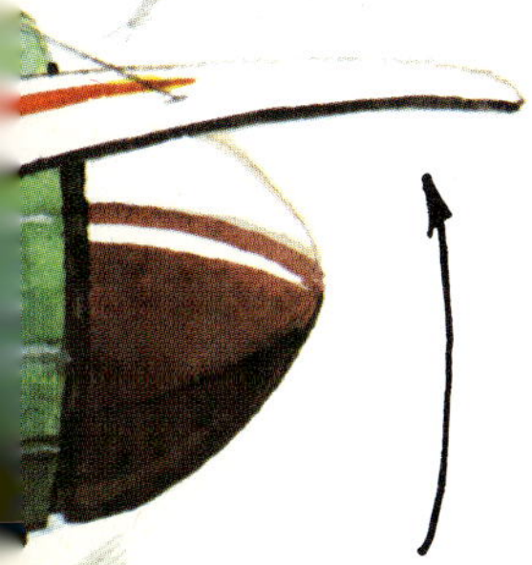

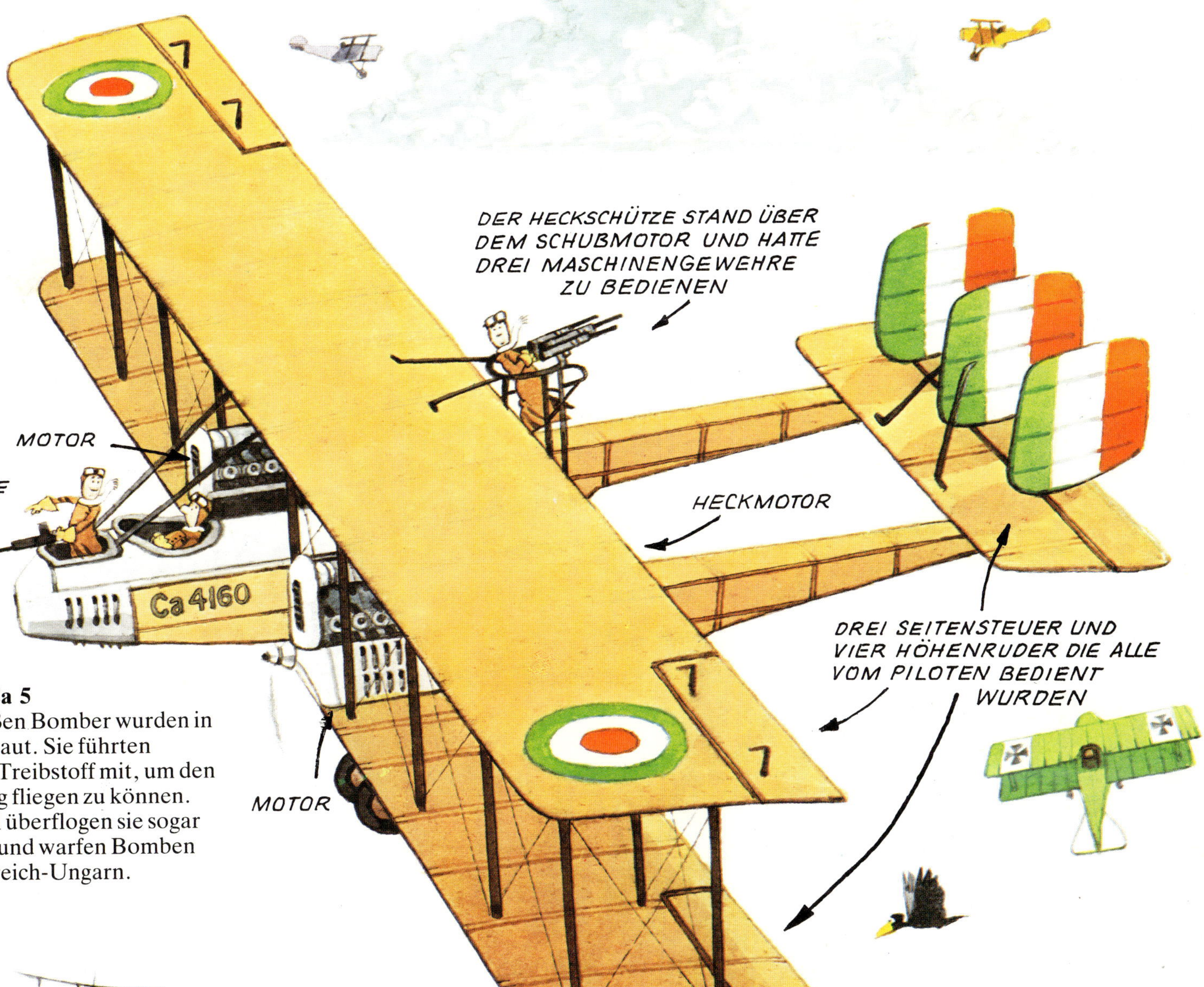

Caproni Ca 5
Diese großen Bomber wurden in Italien gebaut. Sie führten genügend Treibstoff mit, um den ganzen Tag fliegen zu können. Manchmal überflogen sie sogar die Alpen und warfen Bomben auf Österreich-Ungarn.

Ballons und Luftschiffe

Zwei französische Brüder mit Namen Montgolfier erfanden im Jahre 1783 den ersten Ballon. Wie es heißt, entdeckten sie, daß heiße Luft nach oben steigt, als sie sahen, wie verbrannte Papierstücke von einem Feuer in die Höhe getragen wurden. Sie glaubten freilich, es handle sich dabei um ein besonderes Gas.
Sie dachten, wenn man dieses Gas in einem großen Sack auffangen würde, so würde dieser Sack in die Höhe fliegen und sogar Passagiere tragen können.

Diese Männer versuchten, ihren Ballon zu lenken, indem sie ihn mit Rudern ausstatteten. Aber das funktionierte nicht, und der Ballon wurde vom Wind abgetrieben.

Dies war die erste Montgolfiere, die groß genug war, um Menschen durch die Luft zu tragen. Ein Feuer sorgte dafür, daß die Luft in dem Ballon heiß blieb.

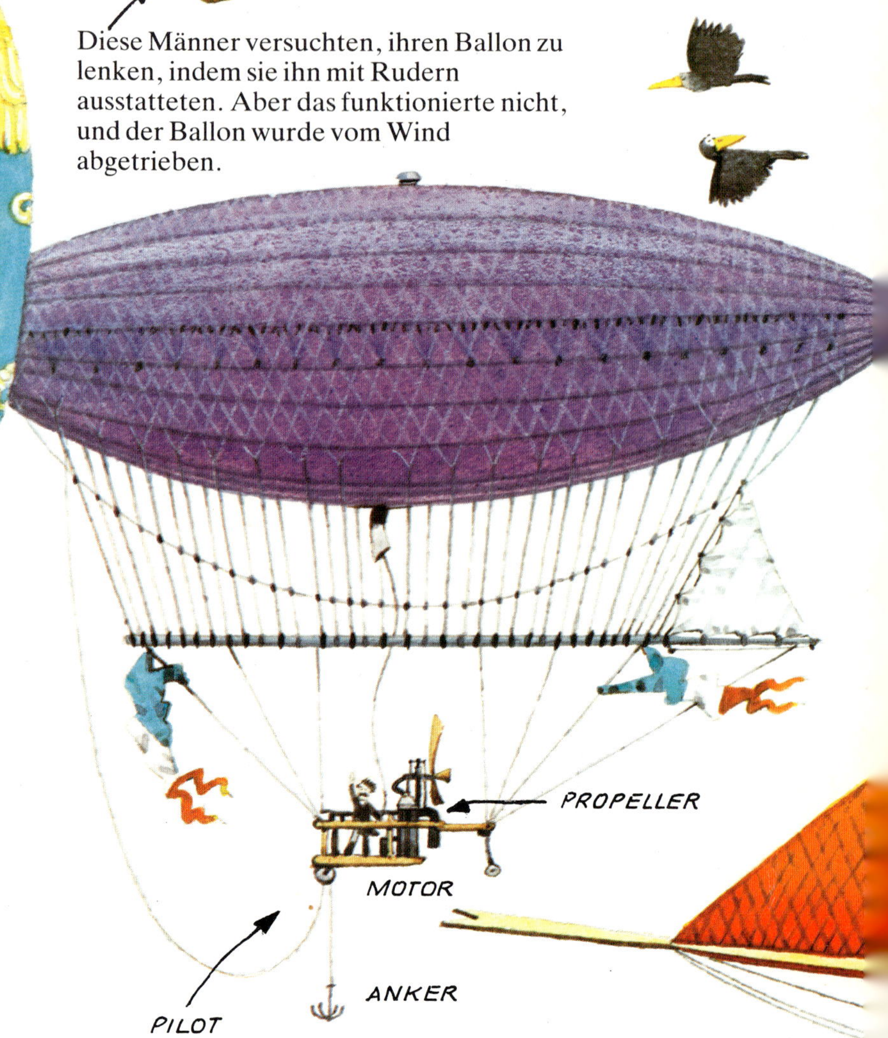

Die erste Montgolfiere, die bewies, daß die beiden Brüder recht gehabt hatten, wurde mit heißer Luft gefüllt, indem man den Ballon über ein Feuer hängte. Der nächste Ballon trug drei Passagiere – einen Hahn, eine Ente und ein Schaf.

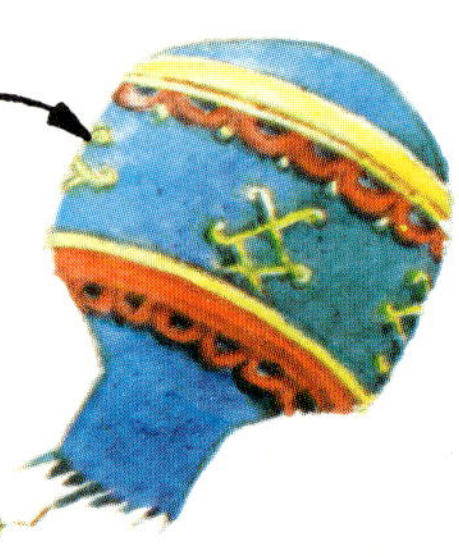

Ein Franzose namens Henri Giffard baute im Jahre 1852 das erste Luftschiff. Es handelte sich um einen Ballon mit einem Propeller, der von einer Dampfmaschine angetrieben wurde. Er konnte das Luftschiff sogar steuern, außer wenn es stark wehte.

Diese Ballonfahrer aus dem 19. Jahrhundert entleerten Sandsäcke, um ihren Ballon leichter zu machen. Das taten sie, wenn der Ballon zu schnell nach unten sank.

Ein moderner Höhenballon ist mit sehr leichtem Gas gefüllt. Er trägt Instrumente, um Wetter und Winde hoch über der Erde zu registrieren.

Moderne Ballons haben einen Gasbrenner. Die Gasflammen erhitzen die Luft im Innern des Ballons und sorgen dafür, daß er sich vom Boden erhebt.

Dies war der erste Ballon, der den Ärmelkanal überquerte. Die beiden Männer froren bei der Landung erbärmlich. Sie hatten den Großteil ihrer Kleider weggeworfen, um den Ballon leichter zu machen und zu verhindern, daß er ins Meer fiel.

Dieser Ballon, der wie ein riesiger Fisch aussieht, wurde 1804 gebaut. Der Kapitän bewegte das verschiebbare Gewicht, um den Ballon geradezuhalten.

Kuriose Flugzeuge

Hier sind einige der ungewöhnlichsten Flugzeuge abgebildet, die in den letzten sechzig Jahren erfunden wurden. Jedes wurde für einen besonderen Zweck gebaut, aber nur das Skybaby und das Flugauto werden heute noch benutzt.

Skybaby
Wahrscheinlich ist dies das kleinste Flugzeug der Welt. Es ist nur drei Meter lang und hat eine Flügelspanne von knapp über zwei Meter.

Das Flugauto
Viele Erfinder haben versucht, Autos herzustellen, die fliegen können. Dieser Wagen hat Tragflächen und einen Schwanz zum Anschrauben. Der Schubpropeller ganz hinten wird vom Motor des Wagens getrieben.

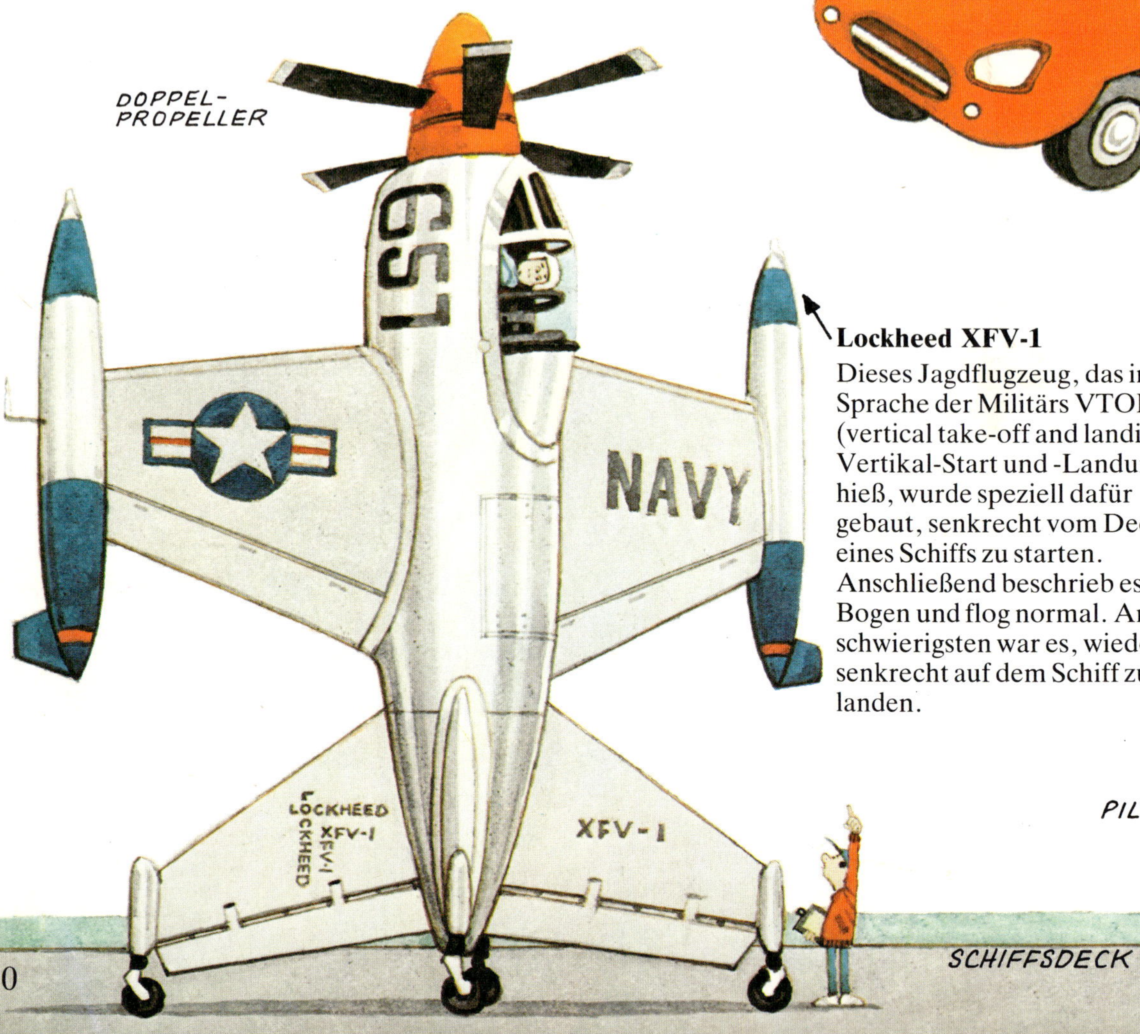

Lockheed XFV-1
Dieses Jagdflugzeug, das in der Sprache der Militärs VTOL (vertical take-off and landing – Vertikal-Start und -Landung) hieß, wurde speziell dafür gebaut, senkrecht vom Deck eines Schiffs zu starten. Anschließend beschrieb es einen Bogen und flog normal. Am schwierigsten war es, wieder senkrecht auf dem Schiff zu landen.

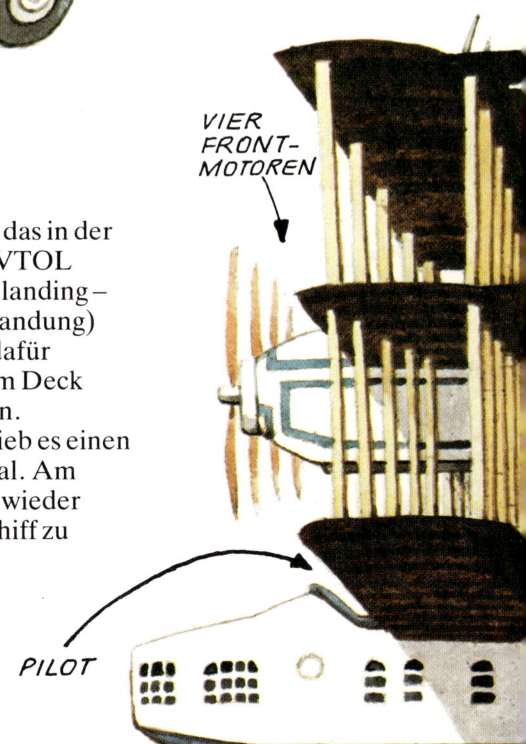

TB-3 Bomber
Die Russen versuchten es mit dieser Idee, um ihre Bomber zu schützen und kleine Kampfflugzeuge über große Entfernungen zu tragen. Jeder Bomber trug fünf Kampfflugzeuge, die alle gleichzeitig abgekoppelt werden konnten.

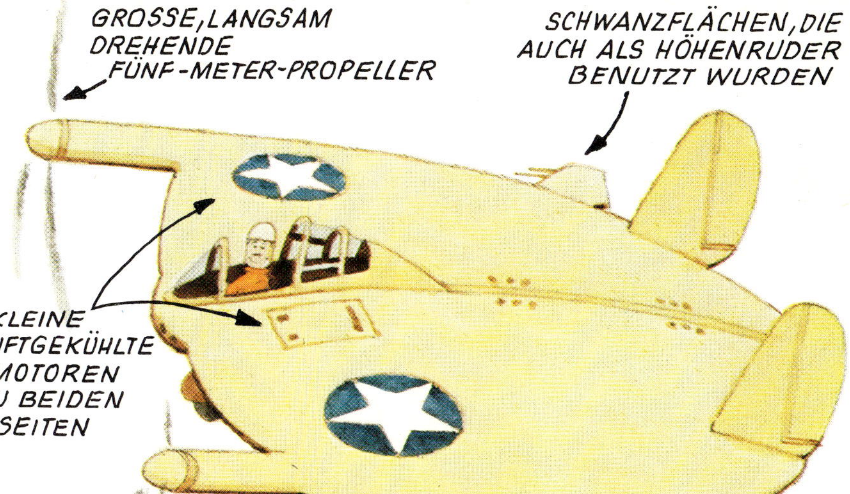

Vought V-173
Diese komisch aussehenden Flugzeuge trugen den Spitznamen „fliegende Pfannkuchen“. Sie waren für den Start von den Decks von Flugzeugträgern konstruiert, flogen aber nicht gut, so daß nur zwei gebaut wurden.

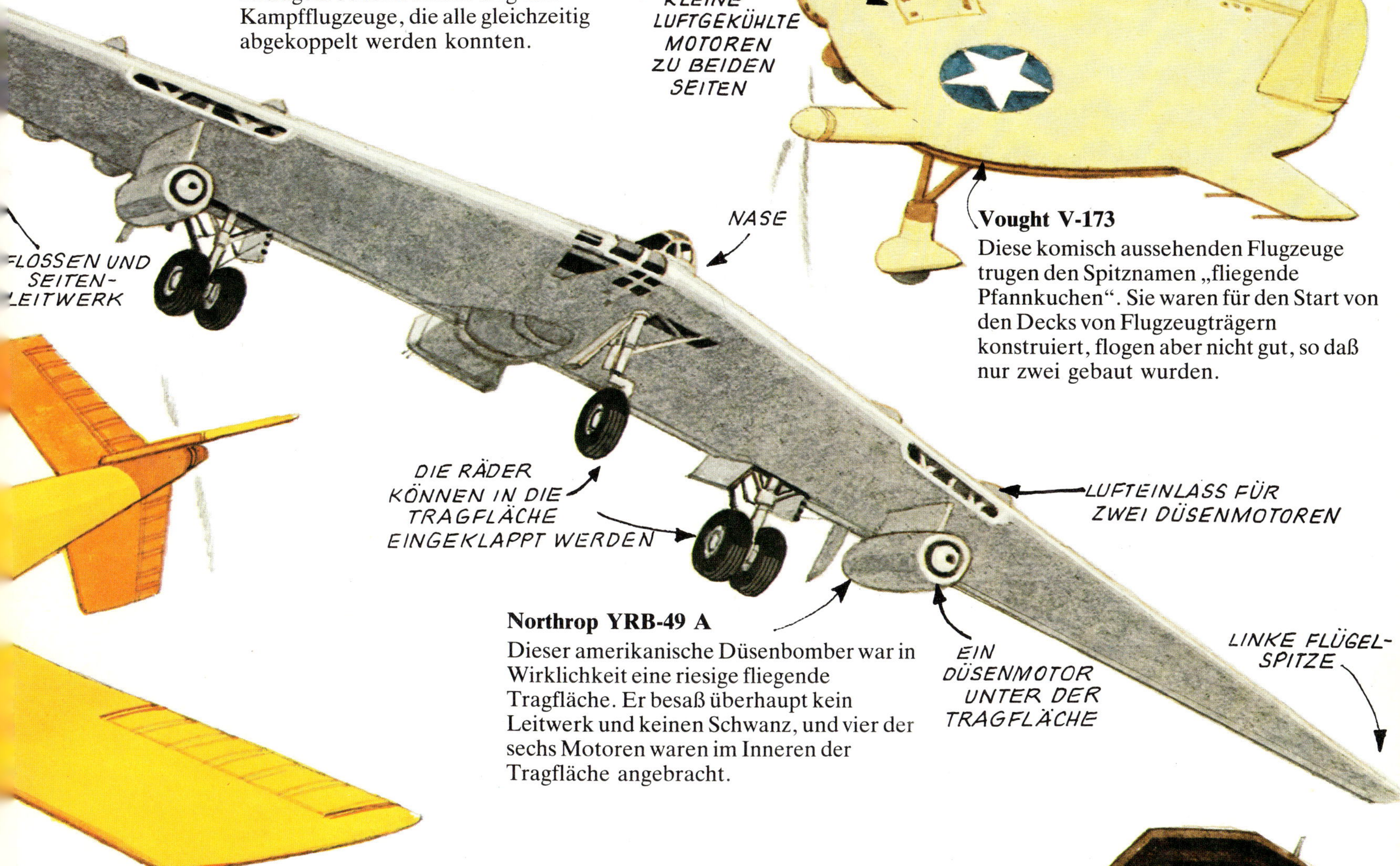

Northrop YRB-49 A
Dieser amerikanische Düsenbomber war in Wirklichkeit eine riesige fliegende Tragfläche. Er besaß überhaupt kein Leitwerk und keinen Schwanz, und vier der sechs Motoren waren im Inneren der Tragfläche angebracht.

Caproni Trans Aero
Dieses monströse Flugboot mit neun Tragflächen und acht Motoren wurde 1919 in Italien gebaut. Es kippte jedoch bei seinem ersten Flug nach vorne ab und stürzte ins Wasser.

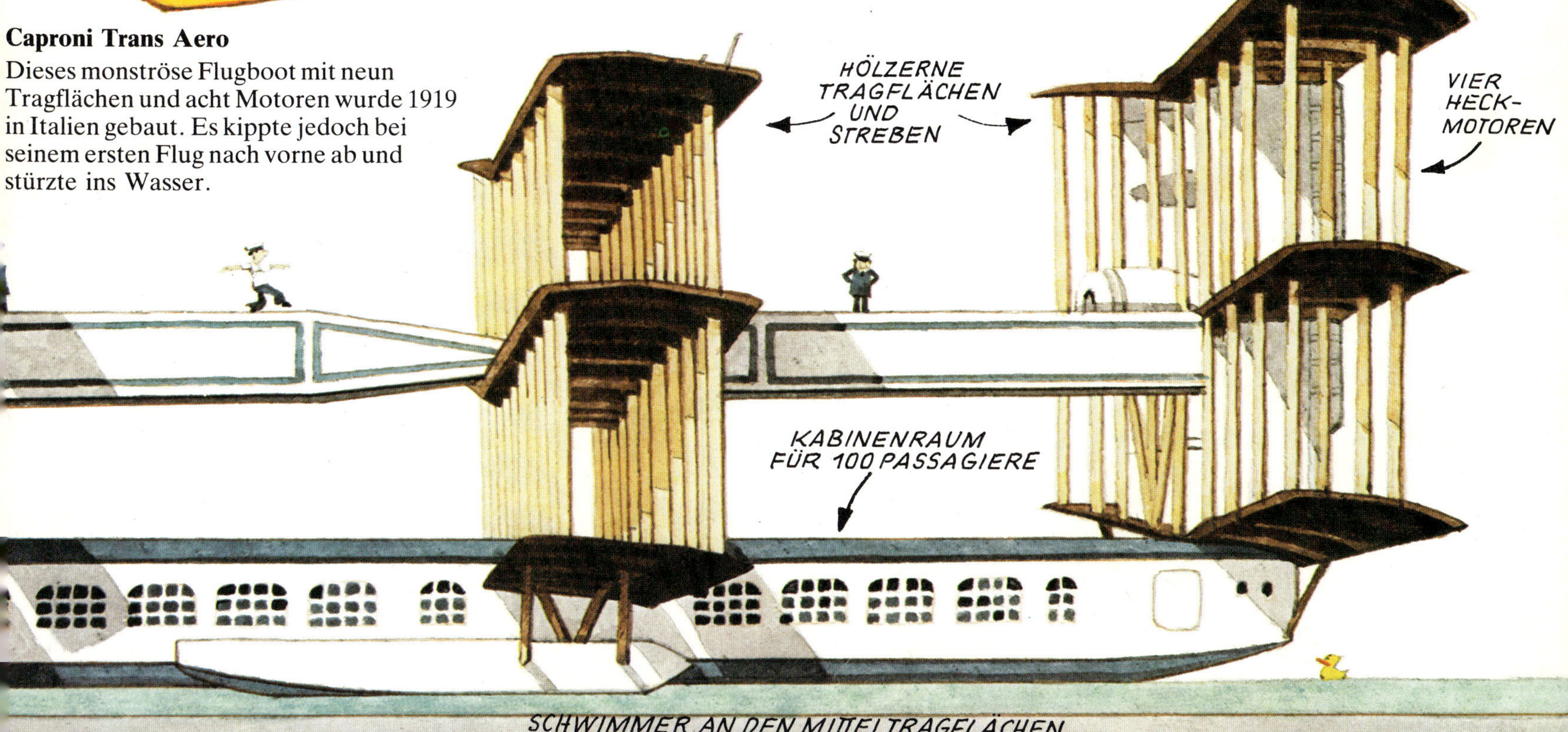

Giganten der Luft

Luftschiff

Boeing 747

Ein Jumbo-Flug

1. Hans gibt der Stewardess seine Karte, als er an Bord geht.
2. Von seinem Platz sieht er die Tragflächen und die Triebwerke des Jets.
3. Alle Passagiere werden gebeten, sich anzuschnallen.
4. Hans ist es zu warm. Eine Stewardess legt seine Jacke in die Ablage.
5. Er bekommt ein Bonbon, um Ohrenschmerzen beim Start zu vermeiden.

Riesige Luftschiffe, wie dieses hier, waren mehr als zweihundert Meter lang. Das berühmteste Luftschiff, die „Graf Zeppelin“, flog 1929 in 21 Tagen um die Welt.

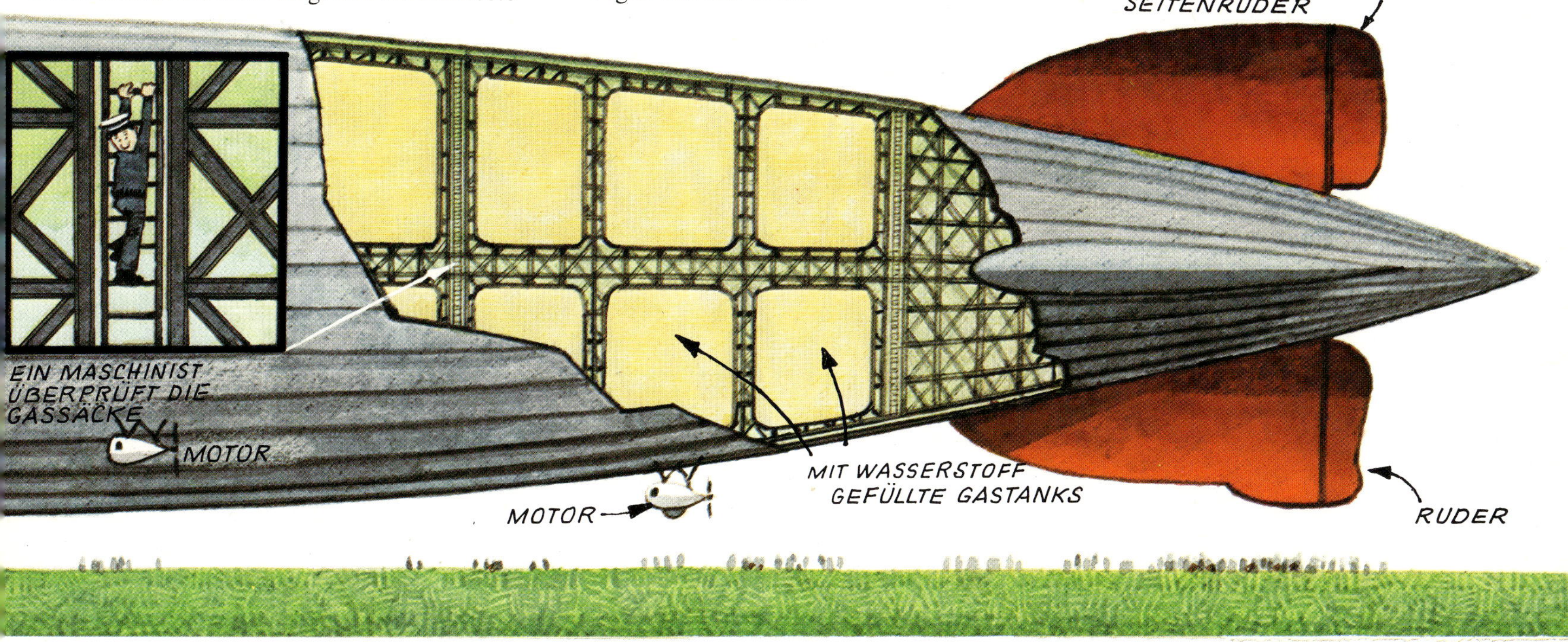

Diese riesige Düsenmaschine, die auch Jumbo genannt wird, wird von der Firma Boeing in Amerika gebaut.

Sie kann bis zu 400 Passagiere mit ihrem ganzen Gepäck in weniger als sieben Stunden über den Atlantik befördern.

Spezielle Fracht-Jumbos befördern bis zu 113 Tonnen. Zum Einladen der Fracht lassen sich ihre Nasen öffnen und nach oben klappen.

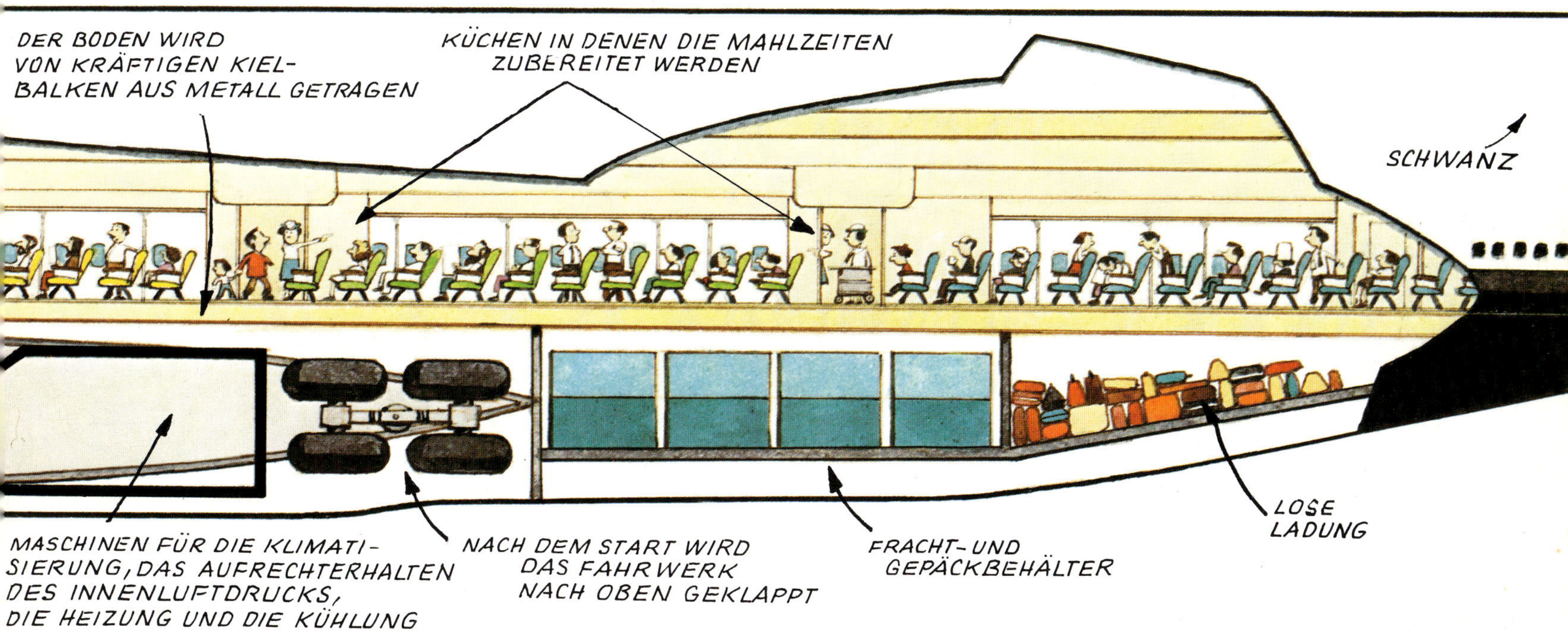

Beim Start des Düsenjumbos sind die Triebwerke sehr laut.

Hans ist es immer noch zu warm. Er dreht an dem Knopf für kühle Luft.

Das Mittagessen wird auf einem Tablett gebracht. Hans ißt alles auf.

Er setzt sich die Kopfhörer auf und hört Musik.

Das Flugzeug ist wie ein fliegendes Hotel. Selbst Waschräume hat es.

Rund um den Flughafen

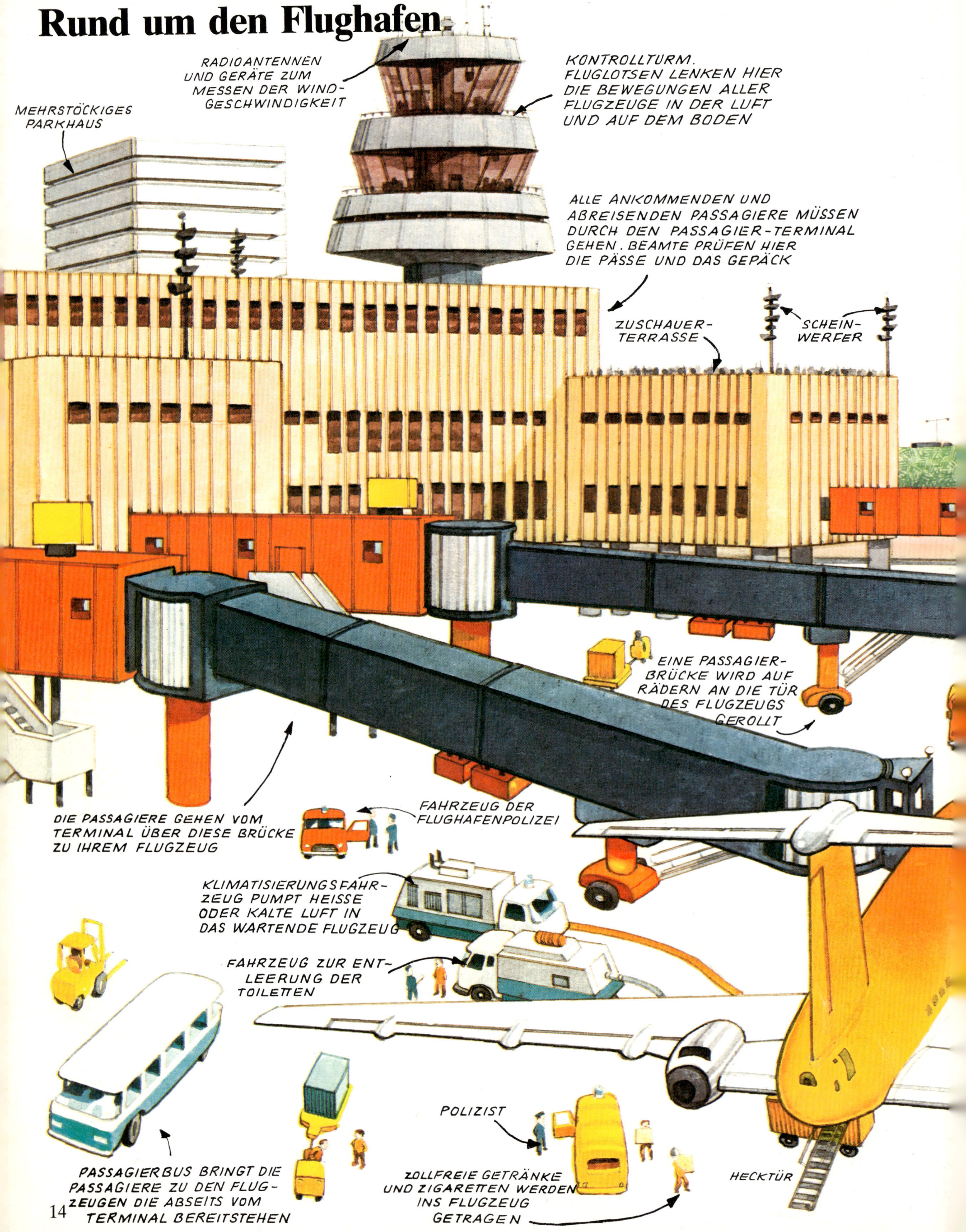

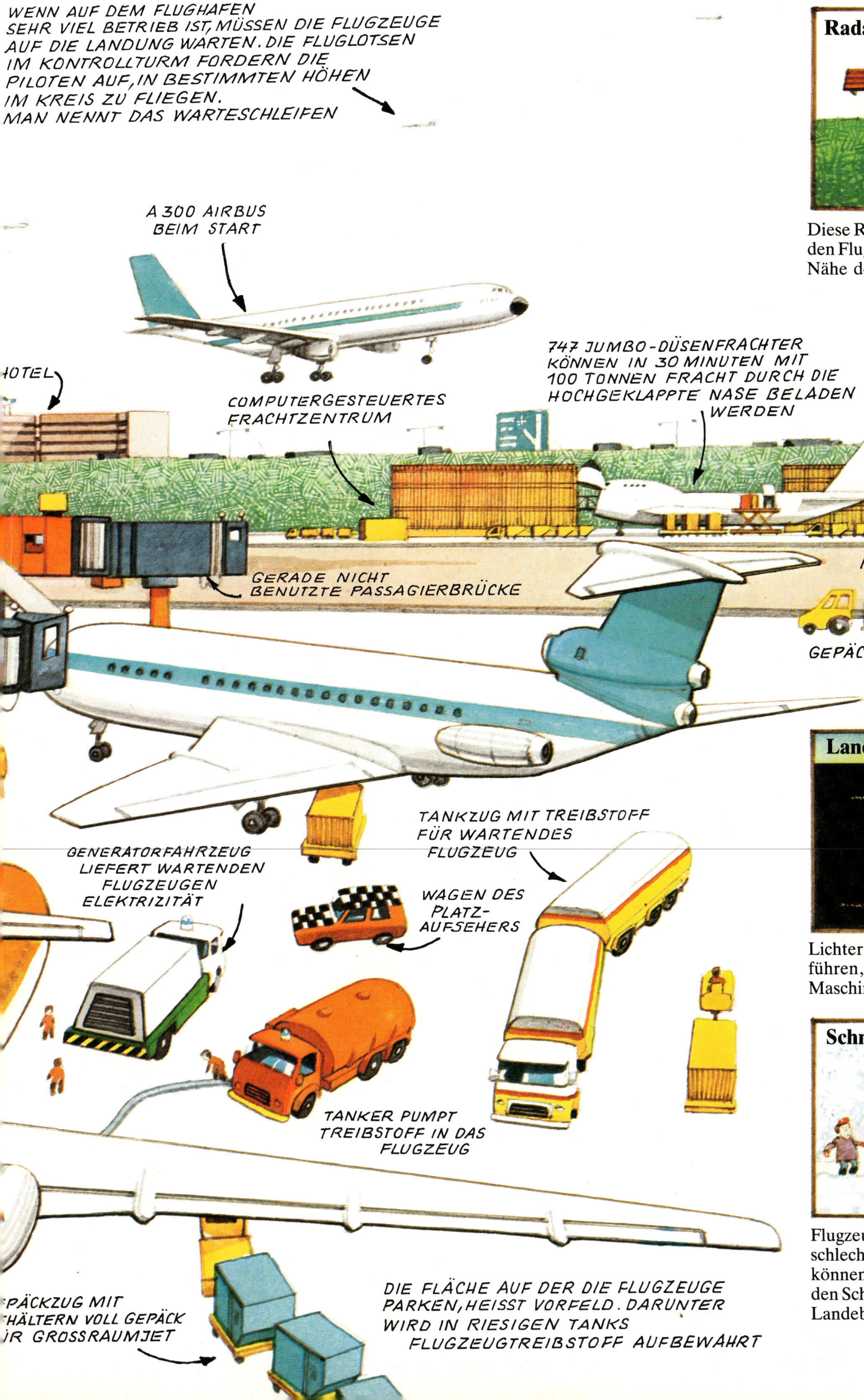

Radar

Diese Radarantenne überwacht den Flug aller Flugzeuge in der Nähe des Flughafens.

Landebahnbeleuchtung

Lichter, die zur Landebahn führen, leiten anfliegende Maschinen bei Nachtlandungen.

Schneeräumfahrzeug

Flugzeuge müssen selbst bei schlechtem Wetter landen können. Diese Maschine räumt den Schnee von den Landebahnen.

Vorbereiten zum Start

1

Drei Stunden vor dem Start eines Flugzeugs treffen der Kapitän und seine Mannschaft in einem Bus der Fluggesellschaft am Flughafen ein. Für sie gibt es eine Menge zu tun.

2

Sie schreiben den Flugplan. Er zeigt die Route, die sie fliegen wollen, sowie ihre Flughöhe. Sorgfältig prüfen sie die Wetterberichte und den Zustand der Startbahnen.

3

Treibstoff wird aus riesigen unterirdischen Tanks in das Flugzeug gepumpt. Die Haupttreibstofftanks befinden sich in den Tragflächen der großen Düsenflugzeuge.

4

Inzwischen haben Ingenieure das Flugzeug mit großer Sorgfalt überprüft. Trotzdem überprüft auch die fliegende Mannschaft noch einmal alles, um ganz sicher zu sein.

5

Im Cockpit überprüfen sie sämtliche Instrumente. Das nimmt viel Zeit in Anspruch. Sie vergewissern sich, daß alle Systeme, die der Steuerung des Flugzeugs dienen, funktionieren.

6

Der Koffer von Passagier Hans wird am Flughafen von der Bodenstewardess gewogen.

7

Ein Träger verstaut den Koffer in einem Behälter, der in das Flugzeug geladen wird.

8

Bei der Paßkontrolle zeigt Hans seinen Paß. Dieser wird abgestempelt.

9

Falls Hans Waffen bei sich trägt, ertönt an dieser Sicherheitsanlage ein Alarm.

10

Hans sieht sich die Anzeigetafel mit den Zielorten in der Abflughalle an. Sie zeigt Startzeiten und Flugnummern aller startenden Maschinen.

11

Sobald Hans' Maschine bereit ist, darf er sich einen Sitz auswählen.

12

Er geht über eine lange Passagierbrücke zur Türe des Flugzeugs.

13

Sobald alle Platz genommen haben, werden die Türen geschlossen.

Im Cockpit sind der Kapitän und seine Mannschaft mit ihren Überprüfungen fertig.

14

Dann spricht der Kapitän des Flugzeugs über Funk mit dem Kontrollturm.

15

Der Fluglotse vergewissert sich, daß keine Flugzeuge auf der Startbahn sind.

16

Ein Mechaniker steht auf dem Flugfeld und gibt dem Kapitän Signale.

17

Er trägt Ohrenschützer, sonst würde der Motorenlärm ihn taub machen.

18

Ein kleiner Traktor schiebt das riesige Flugzeug aus seiner Parkposition heraus.

19

Der Fluglotse erteilt dem Kapitän die Erlaubnis, über den Flugplatz zu rollen.

Er überprüft den Radarschirm und blickt zum Fenster des Kontrollturms hinaus.

20

Der Kapitän steuert das Flugzeug zur Startbahn und wartet auf das Startzeichen.

21

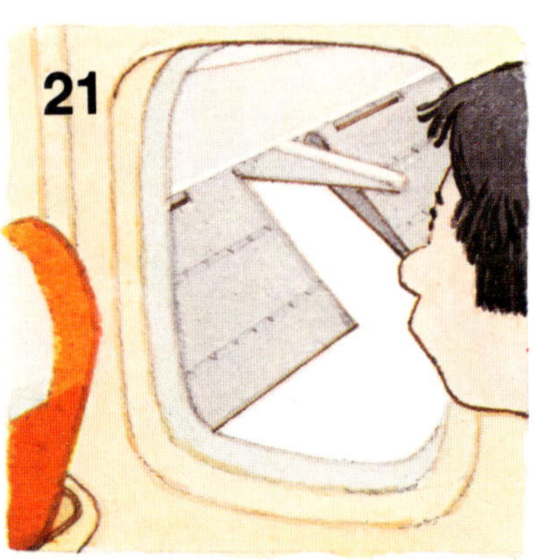

Hans beobachtet, wie die Flügelklappen sich zum Start nach unten bewegen.

22

Wenn der Jet die Startbahn. hinunterrast, sind die Motoren sehr laut.

Plötzlich hebt die Maschine ab und steigt nach oben. Sie sind gestartet.

23

Sobald das Flugzeug seine Flughöhe erreicht hat, besucht der Kapitän die Kabine.

Moderne Flugzeuge

Aviojet, Schulungsflugzeug,
SPANIEN

Pitts Special, Kunstflugmaschine,
USA

Embraer, Maschine der
Küstensicherung,
BRASILIEN

Viggen,
Kampfflugzeug,
SCHWEDEN

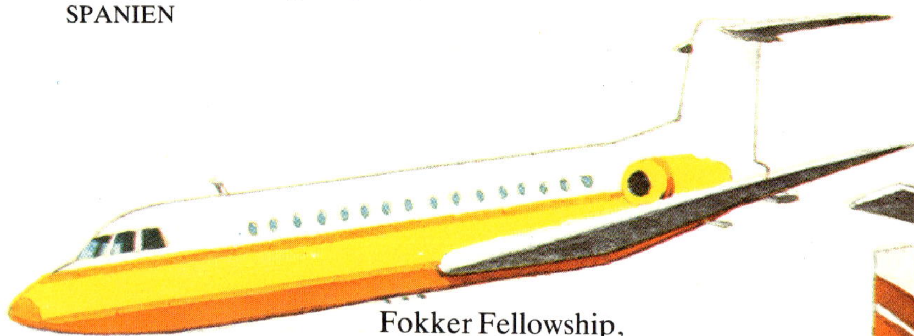

Fokker Fellowship,
Passagierflugzeug,
NIEDERLANDE

Shorts 330, kleines
Passagierflugzeug,
NORDIRLAND

Agusta, Panzerabwehr-
Helikopter, ITALIEN

Harrier, Kampfdüsenflugzeug,
GROSSBRITANNIEN

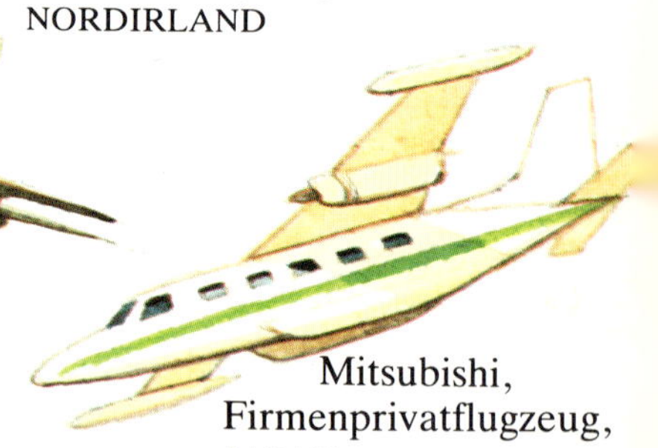

Mitsubishi,
Firmenprivatflugzeug,
JAPAN

Shin Meiwa, Such- und Rettungsflugzeug
(amphibisch),
JAPAN

Arava, Transportflugzeug,
ISRAEL

Bede Microjet,
Sportdüsenmaschine,
USA

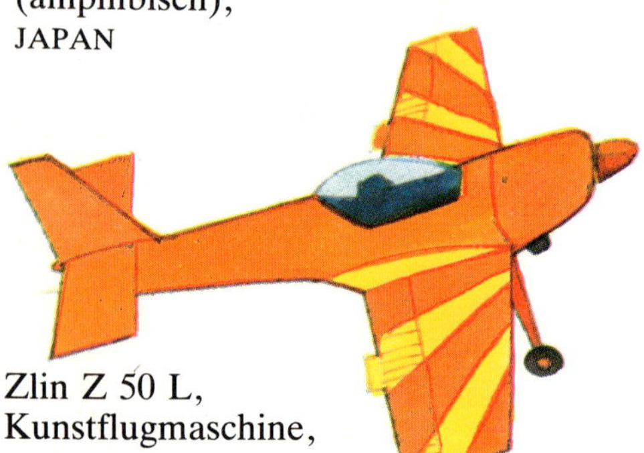

Zlin Z 50 L,
Kunstflugmaschine,
TSCHECHOSLOWAKEI

Challenger, Firmenflugzeug,
KANADA

Mil, „Fliegender Kran“,
Helikopter,
SOWJETUNION

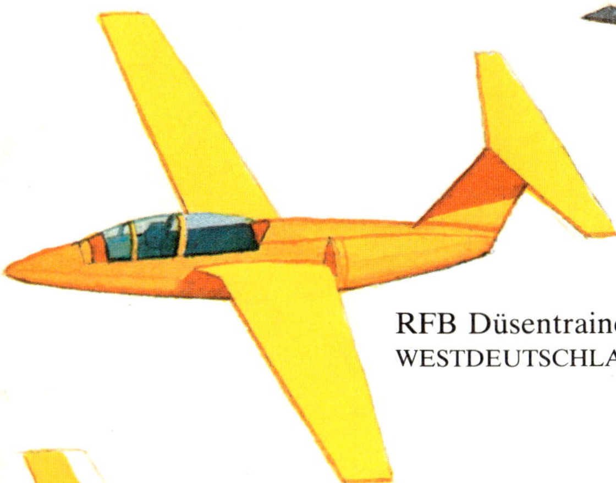

RFB Düsentrainer,
WESTDEUTSCHLAND

Antonov An-72, Transportflugzeug
für kleine Flugplätze,
SOWJETUNION

EH-101,
Marine- und Militärhelikopter,
GROSSBRITANNIEN/ITALIEN

Trislander, kleines Passagierflugzeug,
GROSSBRITANNIEN

Cessna Citation,
Firmenflugzeug
USA

Belhagor, Flugzeug zum Versprühen
von chemischen Mitteln
POLEN

Tornado, Kampfflugzeug,
GROSSBRITANNIEN, WESTDEUTSCHLAND, ITALIEN

Harbin C-11,
Kleintransportflugzeug,
CHINA

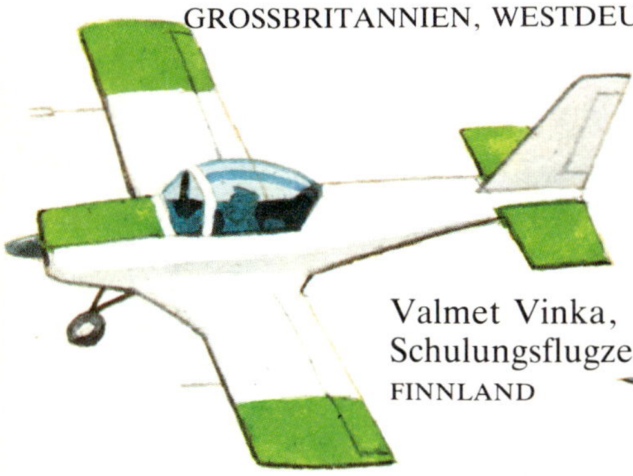

Valmet Vinka,
Schulungsflugzeug
FINNLAND

Boeing E-3A-Sentry,
fliegende Radarstation USA

De Havilland Dash-7,
Passagierflugzeug für kleine Flugplätze,
KANADA

Lockheed TriStar, Düsenverkehrsflugzeug, USA

Dassault Mirage 2000,
Kampfflugzeug,
FRANKREICH

BAe 146,
Passagierflugzeug
für kleine Flughäfen,
GROSSBRITANNIEN

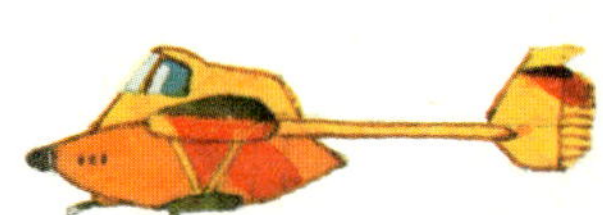

T-320 Airtruk,
AUSTRALIEN

Helikopter

Der erste Helikopter wurde 1907 in Frankreich gebaut. Helfer mußten ihn am Boden festhalten, um zu verhindern, daß er außer Kontrolle geriet.

Dieser VS-300 war der erste Hubschrauber, der richtig flog. Er wurde 1939 von Igor Sikorsky in Amerika gebaut.

Zwei Jahre später baute Sikorsky den ersten einsatzfähigen Helikopter der Welt. Es handelte sich um den zweisitzigen R-4, der im Zweiten Weltkrieg eingesetzt wurde.

Die einzelnen Teile eines Helikopters

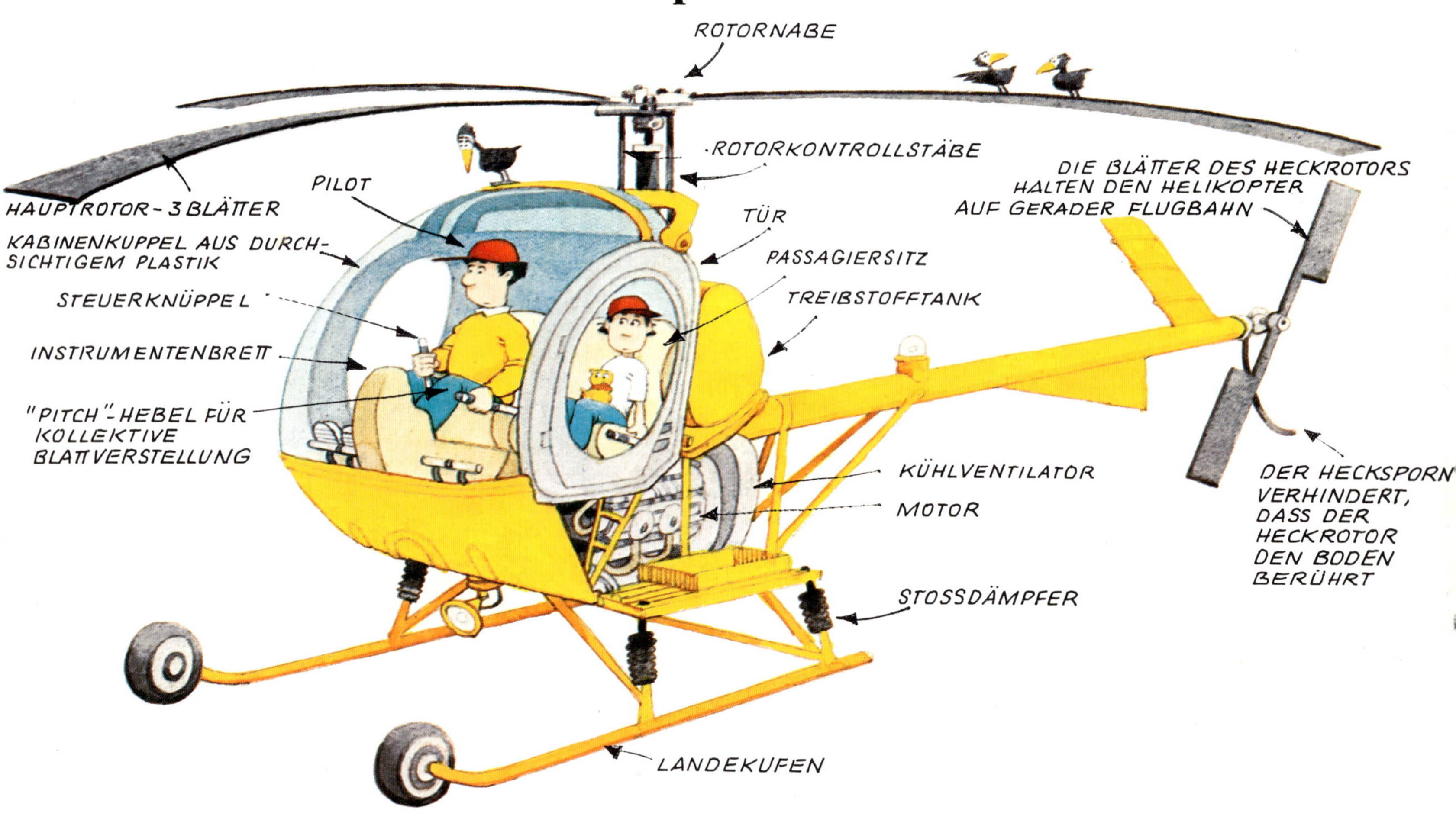

Wie man einen Helikopter fliegt

Dieser einfache Helikopter wird zur Ausbildung von Piloten benutzt. Die Rotorblätter oben heben ihn vom Boden und ziehen ihn durch die Luft.

Der Pilot hebt und senkt den „Pitch"-Hebel, um den Helikopter auf und ab zu bewegen. Er kippt ihn zur Seite, um die Tourenzahl des Motors zu erhöhen.

Er hält mit der rechten Hand den Steuerknüppel und bewegt ihn nach hinten, vorne oder zur Seite, um die Flugrichtung des Helikopters zu ändern.

Moderne Helikopter wie diese BO 105 können sehr schnell fliegen und lassen sich in der Luft leicht lenken.

Die Polizei setzt sie gelegentlich zur Verkehrsüberwachung und zur Verfolgung flüchtender Verbrecher ein.

Dieser Chinook-Helikopter ist nach einem Indianerstamm benannt. Er hat zwei Hubrotoren.

Er kann zehn Tonnen Fracht oder 44 Passagiere mit einer Geschwindigkeit von 250 Stundenkilometer befördern.

Dieser riesige Helikopter nennt sich „Himmelskran" (Skycrane). Er kann bis zu zehn Tonnen heben.

Mit „Himmelskränen" bewegt man Lasten, die zu groß sind, um mit der Bahn oder mit Lastwagen befördert zu werden.

Wir lernen fliegen

Wenn ein Pilot das Fliegen erlernt, fliegt er ein zweisitziges Flugzeug mit einem doppelten Steuer. Der Schüler hat einen Satz Steuerorgane und der Lehrer einen zweiten. Dieses kleine Flugzeug hat nur einen Sitz und wird zum Üben benutzt.

Alle Flugzeuge haben am Schwanz und an den Tragflächen mit Scharnieren versehene Teile. Man nennt sie Höhenruder, Querruder und Seitensteuer.

Der Pilot steuert das Flugzeug, indem er diese Teile bewegt. Sie sind durch Drähte mit den Steuerorganen des Piloten im Cockpit verbunden.

Er benutzt die Steuersäule (auch Horn oder Knüppel genannt), um die Höhenruder und Querruder zu bewegen, und bewegt das Seitensteuer mit den Fußpedalen.

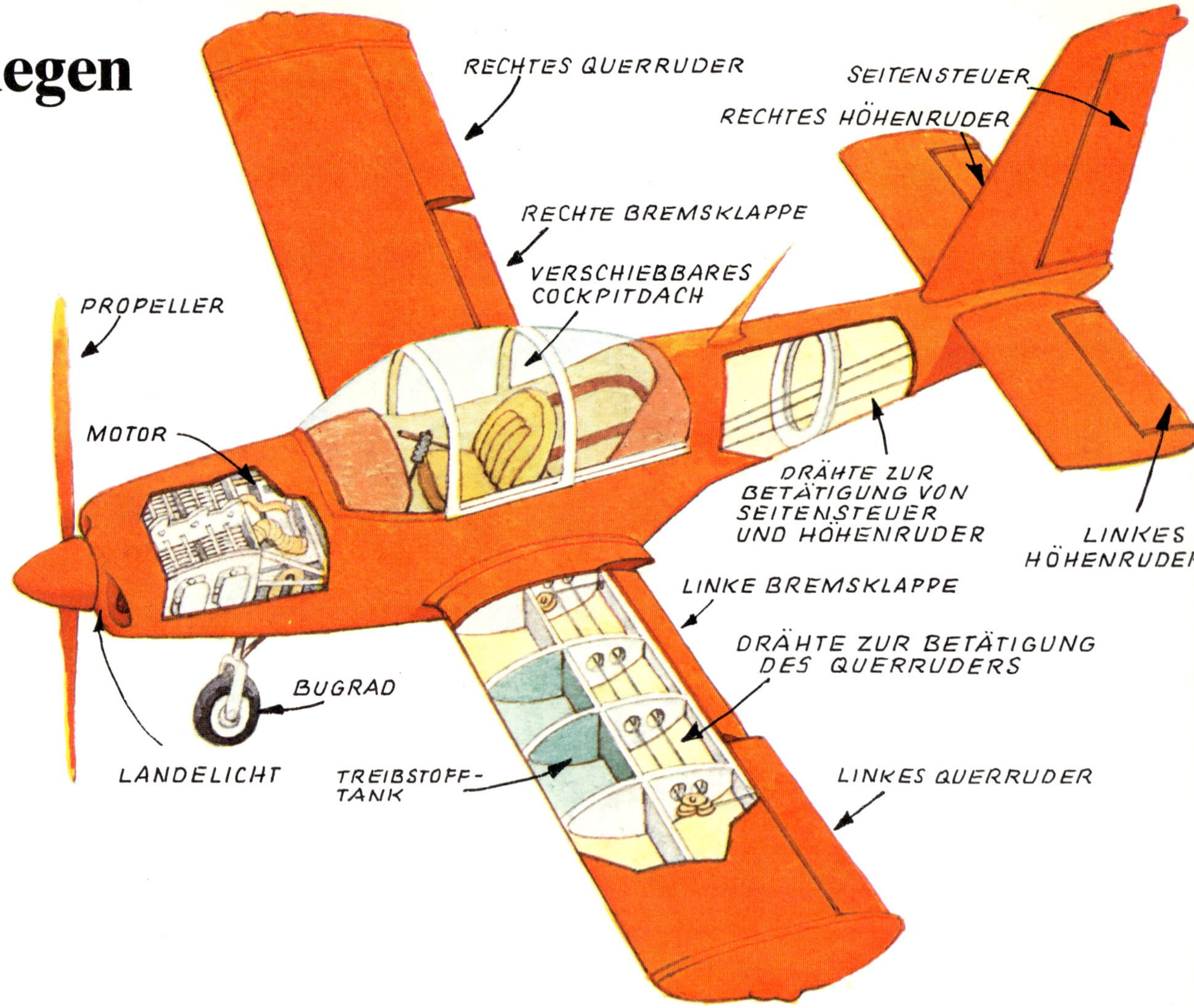

1 Der Start

Der Pilot schnallt sich an und ist startbereit. Er schiebt den Gashebel nach vorne, um dem Motor mehr Kraft zuzuführen. Er beobachtet das Anzeigegerät für die

2

Luftgeschwindigkeit, um festzustellen, wann das Flugzeug sich schnell genug über den Boden bewegt. Dann zieht er den Knüppel zu sich heran.

3

Dadurch werden die Höhenruder nach oben bewegt. Die Luft, die über sie hinwegstreicht, drückt den Schwanz des Flugzeugs nach unten, so daß seine Nase sich erhebt und das Flugzeug startet.

Die Wirkung der Höhenruder

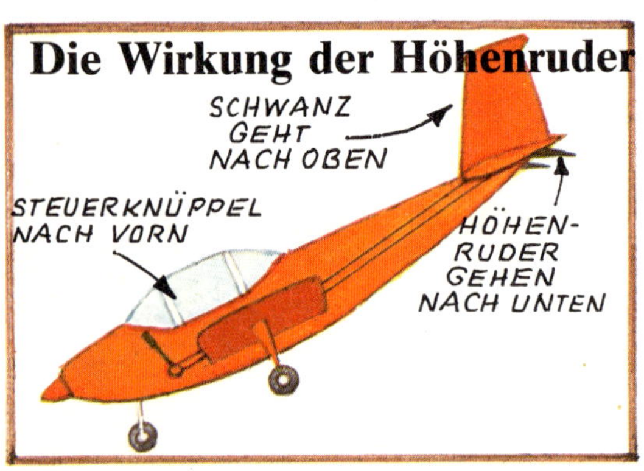

Wenn der Pilot im Flug den Knüppel nach vorne schiebt, bewegen sich die Höhenruder nach unten. Die Luft drückt den Schwanz nach oben, das Flugzeug kippt nach unten.

Die Wirkung der Querruder

Wenn der Pilot den Knüppel nach links bewegt, hebt sich das linke Querruder, und das rechte Querruder geht nach unten. Das Flugzeug rollt dann nach links.

Wirkung des Seitensteuers

Wenn er das linke Seitensteuer-Pedal nach unten drückt, bewegt sich das Seitensteuer nach links. Dadurch wird der Schwanz nach rechts gedrückt, das Flugzeug dreht nach link

Im Cockpit

So könnte das Cockpit aussehen. Sobald der Pilot sich einmal in der Luft befindet, lenkt er das Flugzeug hauptsächlich mit dem Knüppel und den Pedalen des Seitensteuers. Den Gashebel benutzt er, wenn er schneller werden oder steigen möchte. Er muß all seine Instrumente sorgsam beobachten, besonders, wenn er einen Bogen fliegt, startet oder landet.

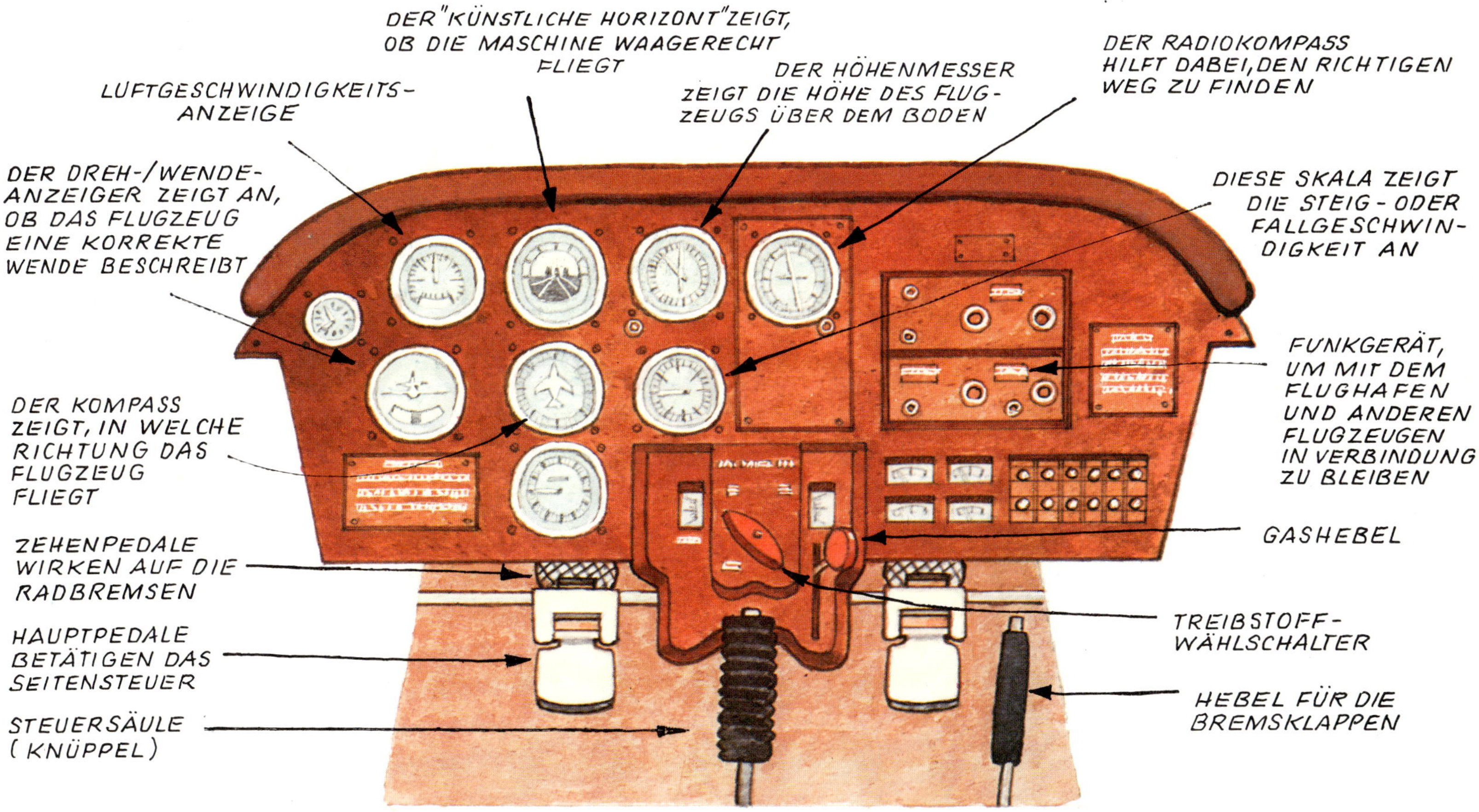

Drehen

Um eine korrekte Drehung zu vollführen, muß der Pilot alle drei Steuerorgane einsetzen: Höhenruder, Querruder und Seitensteuer. Er schiebt den Knüppel zur Seite, so daß das Flugzeug eine Rolle beschreibt. Gleichzeitig zieht er den Knüppel zurück und drückt das Ruderpedal, um den Schwanz herumzuschwingen.

Scharfe Wendung

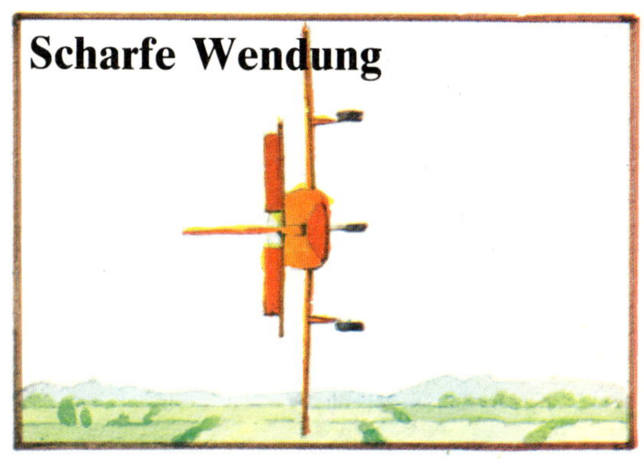

Nur ein erfahrener Pilot würde eine so scharfe Wendung ausführen. Er zieht so kräftig am Knüppel, daß die Tragflächen senkrecht zum Boden stehen.

1 Landung

Der Pilot zieht den Gashebel zurück und schiebt den Knüppel nach vorne, um das Flugzeug in Gleitflug zu bringen. Dann zieht er den Bremsklappenhebel.

2

Jetzt sind die Bremsklappen an beiden Tragflächen ausgefahren. Die über sie strömende Luft verlangsamt das Flugzeug, so daß es auf kurze Entfernung landen kann.

3

Während das Flugzeug zur Landung ansetzt, zieht der Pilot immer noch am Knüppel, bis sämtliche Räder auf dem Boden sind. Dann rollt er zum Stillstand.

Kunstflug

Manche Piloten zeigen solche Kunststücke, weil es ihnen Spaß macht oder um bei Luftfahrtveranstaltungen das Publikum zu erfreuen. Andere lernen den Kunstflug, um auf diese Weise bessere Piloten zu werden.

Dieses zweisitzige schwedische Safariflugzeug fliegt „rund um die Häuser“. Solche Tiefflugmanöver sind nur selten erlaubt, besonders nicht in der Nähe von Bauwerken.

Wenn Akrobaten auf den Tragflächen von Flugzeugen Kunststücke vollführen, werden dafür Doppeldecker eingesetzt, an deren oberen Tragflächen besondere Haltevorrichtungen vorgesehen sind.

Häufig treten Kunstflieger in Gruppen auf, dann fliegen einige Flugzeuge dicht nebeneinander. Hier sehen wir drei Doppeldecker, die auffällig gefärbten Rauch ausstoßen.

Bänder zerschneiden

Das ist ein besonders waghalsiges Kunststück, das gerne bei Luftfahrtveranstaltungen gezeigt wird. Der Pilot fliegt so dicht über der Erde, daß sein Propeller ein Band zerschneidet, das zwischen zwei langen Stangen gespannt ist. Um es noch schwieriger zu machen, fliegt der Pilot manchmal mit dem Fahrwerk nach oben.

Die Rolle

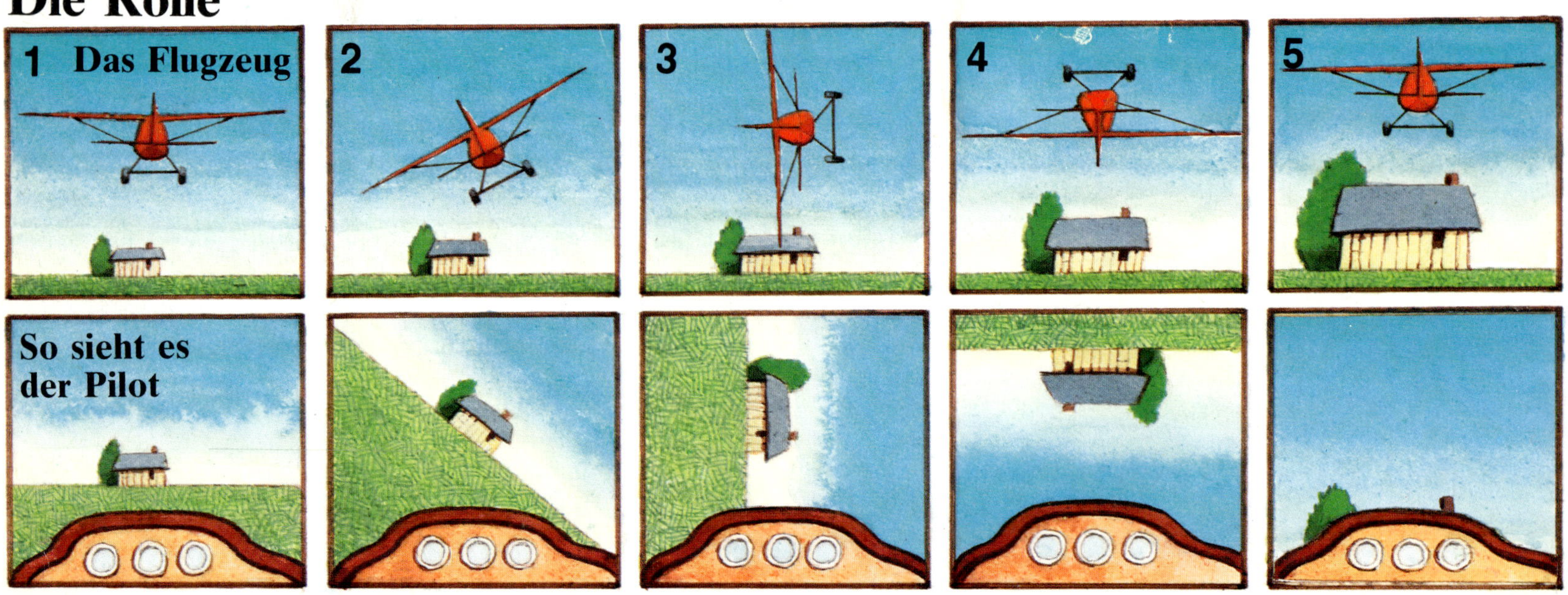

Das Flugzeug fliegt parallel zum Boden.

Jetzt beginnt es, nach links zu rollen.

Vierteldrehung. Das Flugzeug fliegt seitlich.

Halbdrehung. Kopf nach unten.

Drehung vollendet. Wieder gerade.

Formationsflug

Eine Gruppe von Flugzeugen, die von einem Anführer gelenkt wird, kann in einer Vielzahl unterschiedlicher Formationen fliegen. „In Linie“ bedeutet, daß sie alle in einer Linie fliegen, einer hinter dem anderen. „Linie nebeneinander“ bedeutet, alle in einer Linie, Seite an Seite. In der „V-Formation“ fliegen alle Flugzeuge in Form des Buchstaben V, mit dem Führer an der Spitze.

Dieses Team hier sind die „Roten Pfeile“ der British Royal Air Force. Sie fliegen ein besonders auffälliges Manöver, das sich „Bombenexplosion“ nennt. Jedes Flugzeug stößt farbigen Rauch aus, damit die Beobachter am Boden sie besser sehen können.

Hängegleiten

Hängegleiten ist ein aufregender, aber nicht ungefährlicher Sport. Die Flieger tragen ihre Gleiter zusammengefaltet zum Gipfel eines steilen Hügels. Dann setzen sie den Gleiter zusammen, schnallen sich an und starten in den Wind. Wenn ein kräftiger Wind bergauf weht, können sie sehr hoch steigen und stundenlang in der Luft bleiben.

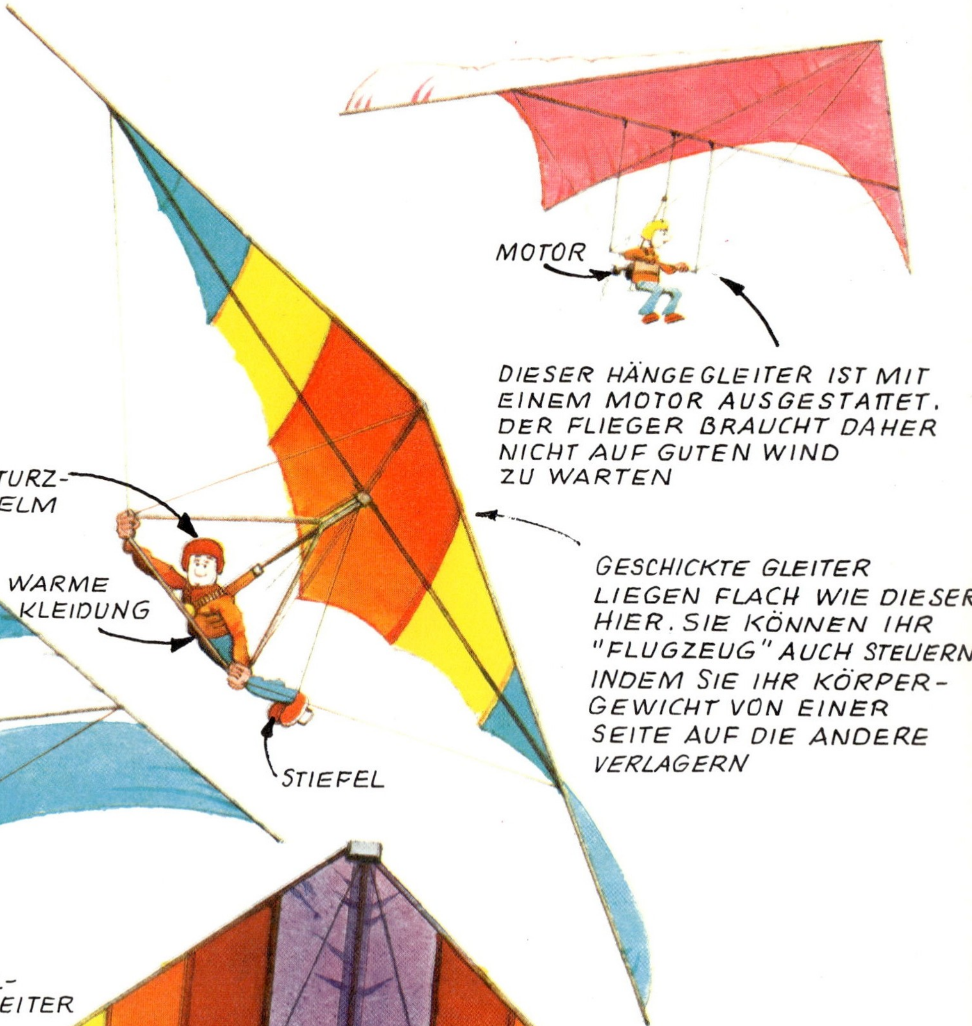

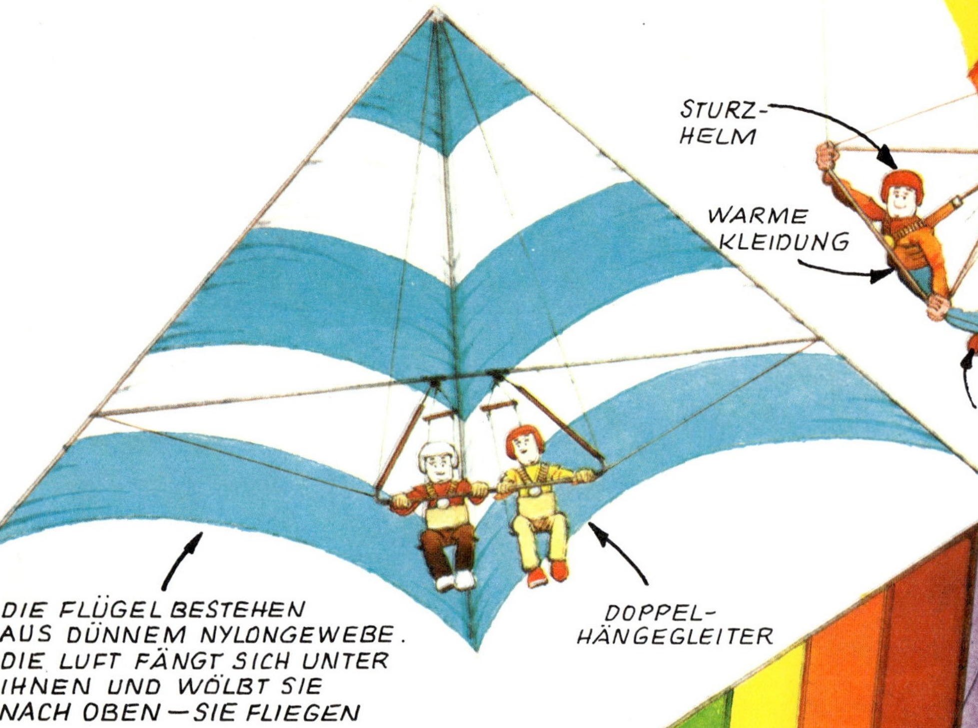

Francis Rogallo hat in Amerika den ersten Hängegleiter erfunden. Später wurden sie weiterentwickelt und verbessert und auch dazu eingesetzt, schwere Ladungen aus Flugzeugen abzuwerfen und Raumfahrzeuge zu bergen.

Der Start mit dem Hängegleiter

Den Hängegleiter unter dem Arm besteigt man einen Hügel.

Auf dem Hügel setzt man ihn zusammen.

Helm auf. Das Gesicht in den Wind, läuft man hügelabwärts.

Endlich in der Luft! Jetzt schwebt man umher.

Gleiten

Gleiter sind sehr leicht und haben lange Tragflächen. Sie haben keine Motoren. Dies ist ein Segelflugzeug.

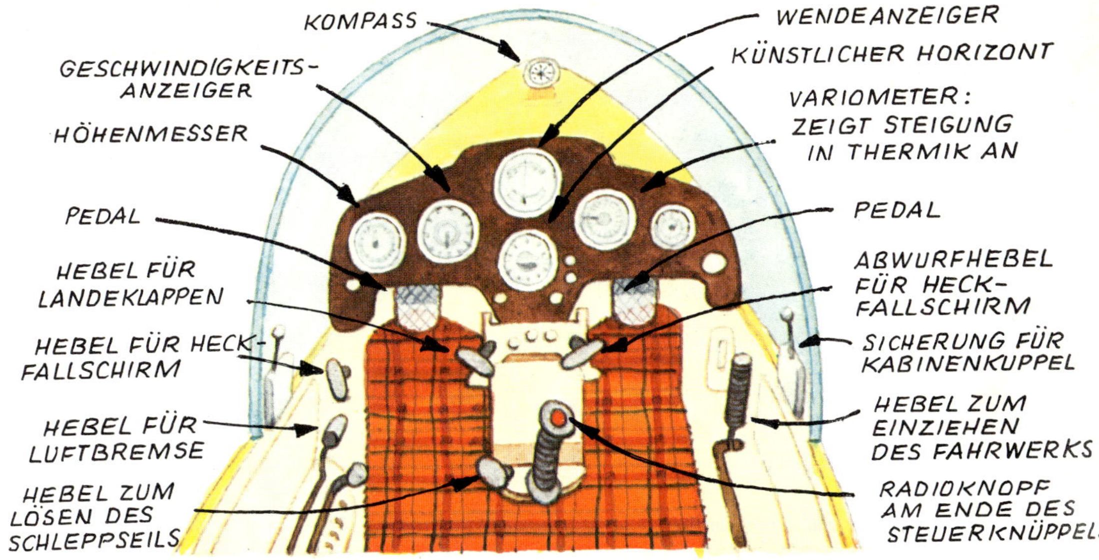

Gleiter haben ein enges Cockpit mit beinahe so vielen Instrumenten und Steuerhebeln wie ein kleines Motorflugzeug.

Jeder, der einen Gleiter fliegen möchte, muß zuerst Unterricht in einem zweisitzigen Gleiter bei einem Lehrer nehmen.

Gleiter können mit Winden in die Luft gezogen werden, von einem Wagen geschleppt oder, wie hier, von einem Flugzeug hochgezogen werden.

Der Gleiter hat soeben vom Boden abgehoben. Der Pilot hat Landkarten und Proviant dabei. Sein Flug kann den ganzen Tag dauern.

Wenn der Pilot sieht, daß der Gleiter in einer guten Position ist, löst er das Schleppseil. Jetzt ist er ganz auf sich allein gestellt.

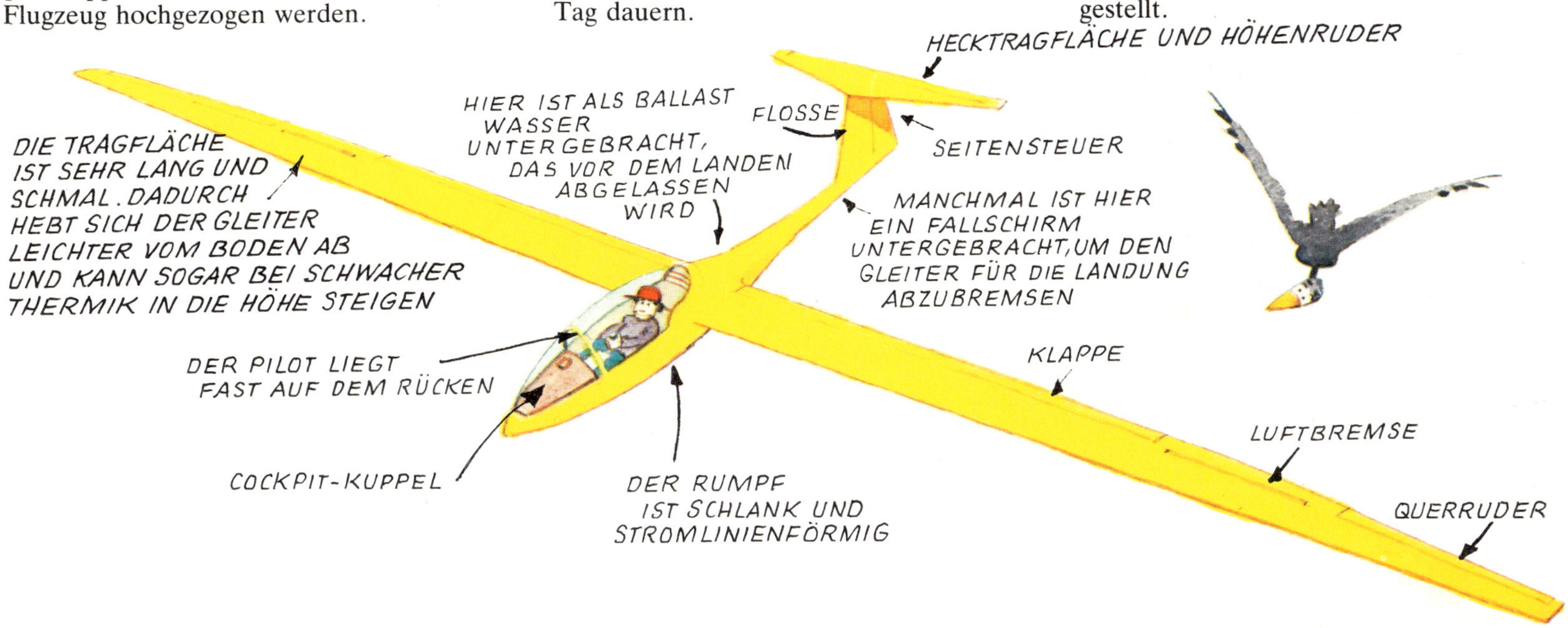

Säulenartige Ansammlungen von warmer, aufsteigender Luft, die man auch Thermik nennt, tragen die Gleiter höher und höher in den Himmel. Geschickte Gleiterpiloten wissen, wo man solche Thermik findet. Nachdem der Pilot in einer Thermik nach oben gestiegen ist, drückt er die Nase seines Gleiters nach unten und rast auf die nächste Thermik zu. Dann steigt er wieder hoch. Beim Landen wirft er den Wasserballast ab und fährt das Landerad aus. Wenn er fast unten ist, betätigt er die Luftbremsen.

Raketen und Raumfahrzeuge

Die ersten Raketen sind wahrscheinlich vor langer Zeit in China hergestellt worden. Niemand weiß, wie gut sie funktionierten.

Marine-Raketen

Vor etwa 170 Jahren feuerte die britische Armee Schießpulverraketen auf die französische Armee ab, die von Napoleon geführt wurde. Einige, wie diese hier, wurden von Schiffen aus gestartet.

V2-Rakete

Zur Zeit des Zweiten Weltkriegs hatte man viel größere Raketen, die flüssigen Treibstoff verwendeten, erfunden. Sie konnten 350 km weit fliegen. Das hier ist eine deutsche V2-Rakete. Tausende dieser Raketen wurden in Frankreich und Holland von Lkw-Anhängern aus auf London abgefeuert.

Sputnik

1950 planten die Wissenschaftler Weltraumflüge. Am 4. Oktober 1957 schoß die Sowjetunion den ersten Satelliten auf eine Umlaufbahn rings um die Welt. Er hieß Sputnik 1.

Vostok 1

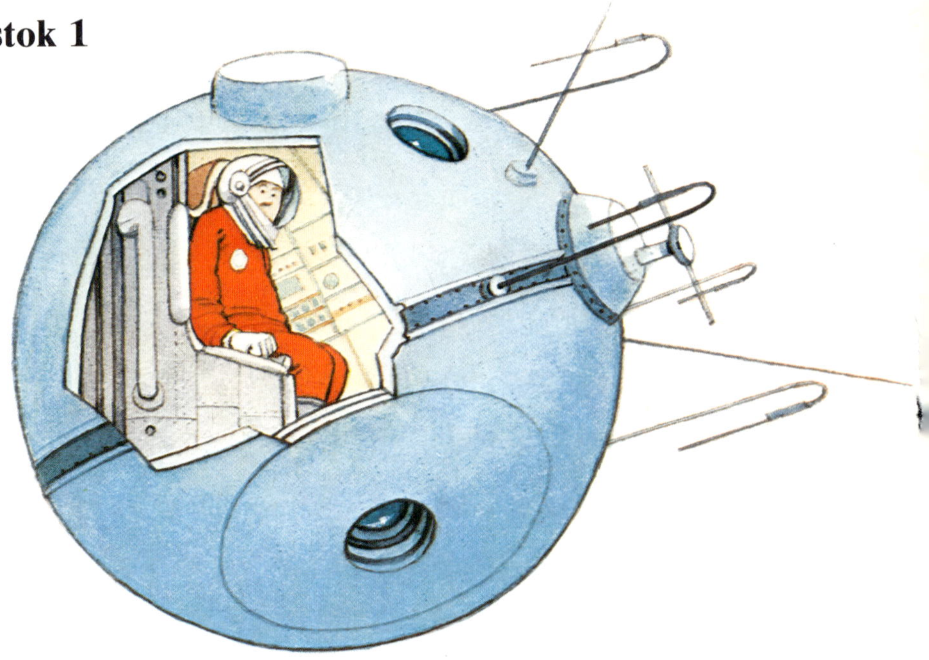

Die Russen waren auch die ersten, die einen Menschen in den Weltraum schickten. Das war viel schwieriger, weil er eine klimatisierte Kapsel brauchte und die Möglichkeit haben mußte, wieder zur Erde zu kommen. Vostok 1 wurde 1961 gestartet. Der Kosmonaut hieß Yuri Gagarin.

Die Apollo-Mission

Kurz nach dem Start von Vostok 1 traten die Amerikaner in das „Weltraumrennen“ ein. Präsident Kennedy sagte, daß binnen zehn Jahren ein Amerikaner auf dem Mond gehen würde.

Die Amerikaner bauten die größte Rakete der Welt. Sie hieß Saturn V und war 110 Meter hoch.

Im Juli 1969 startete Saturn V in Cape Canaveral. An Bord befanden sich drei Astronauten, Neil Armstrong, „Buzz“ Aldrin und Michael Collins. Sie flogen auf einer Umlaufbahn um den Mond.

Armstrong und Aldrin landeten dann die Mondfähre auf dem Mond, während Collins auf der Umlaufbahn blieb. Nach einundzwanzig Stunden starteten die beiden Männer wieder in einem Teil der Mondkapsel und koppelten wieder bei Collins an.

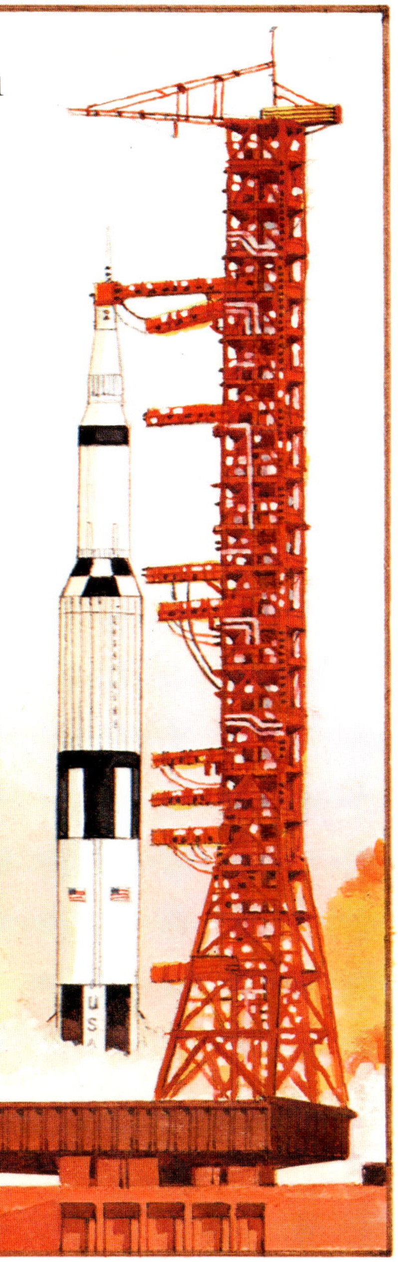

Die Saturn-Rakete

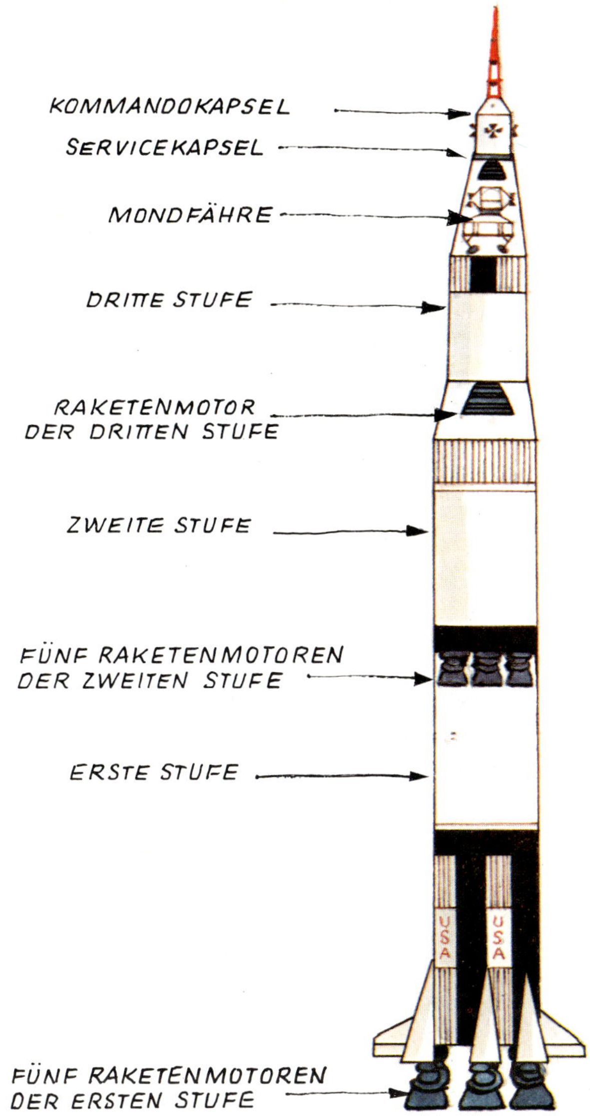

Kommandokapsel Apollo

Die drei Apollo-Astronauten lebten und arbeiteten während des größten Teils ihres Mondfluges in dieser klimatisierten Kommandokapsel. Dies war der einzige Teil der Saturn-Rakete, der zur Erde zurückkehrte. Am Ende der Reise schwebten die Astronauten am Fallschirm in der Kommandokapsel zur Erde und landeten schließlich im Pazifik.

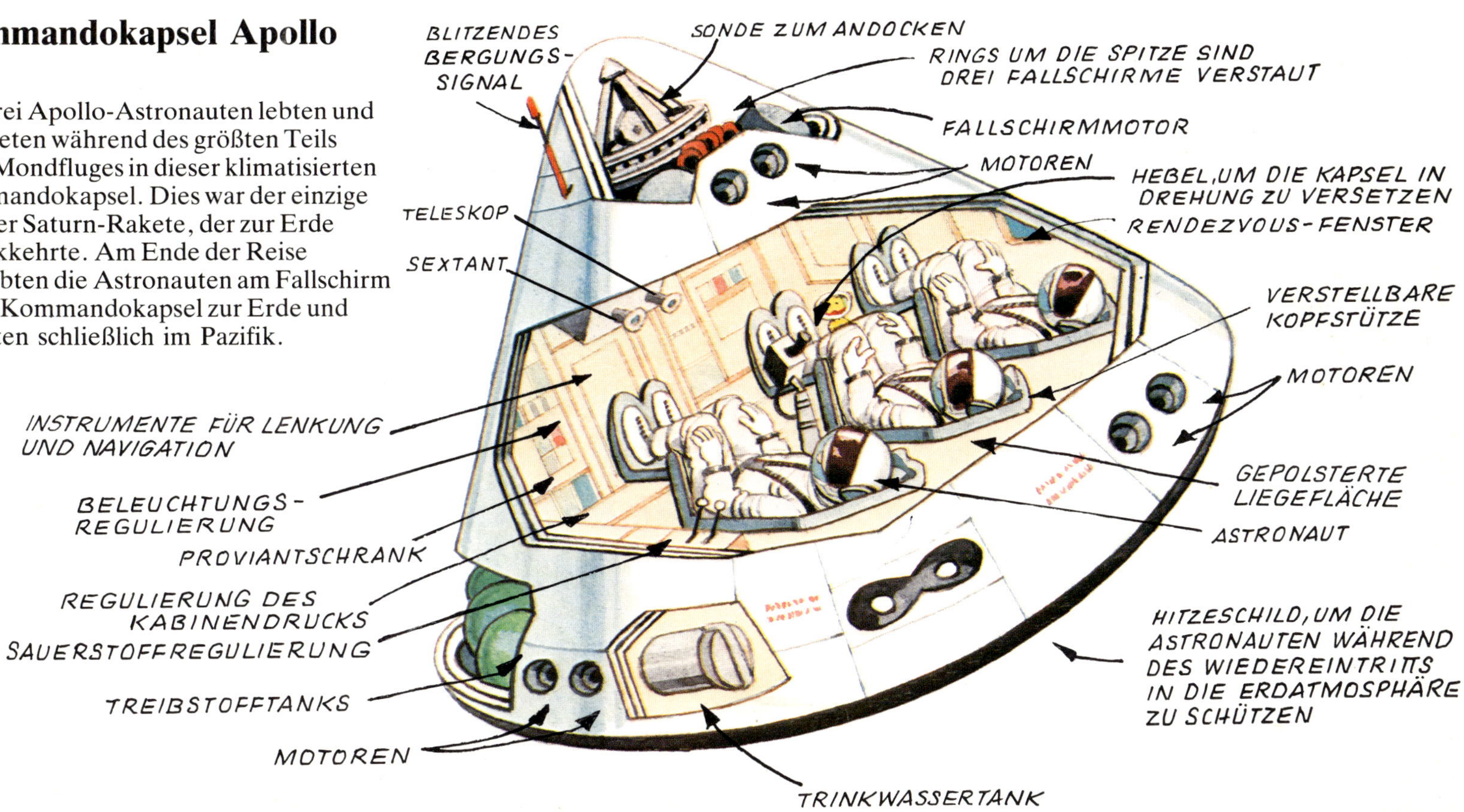

Die Weltraumfähre

Die Weltraumfähre wird, auf dem Schwanz stehend, von Cape Kennedy aus gestartet.

Nur 122 Sekunden nach dem Start trennen sich die riesigen Schubraketen von der Fähre.

Der Treibstofftank löst sich 114 Kilometer über der Erde von der Weltraumfähre.

Jetzt tragen zwei kleine Motoren die Weltraumfähre auf ihre Umlaufbahn.

Fähren bei der Arbeit im Weltraum

Alle Weltraumstarts bis zum Jahre 1980 wurden mit Raketen durchgeführt, die nur einmal verwendet werden konnten.

Jetzt haben amerikanische Wissenschaftler die Weltraumfähre erfunden, die immer wieder verwendet werden kann. Die Bilder oben auf dieser Seite zeigen, wie die Fähre in den Weltraum startet und wieder zurückkehrt.

Hier werden einige Aufgaben gezeigt, die von Weltraumfähren erledigt werden können.

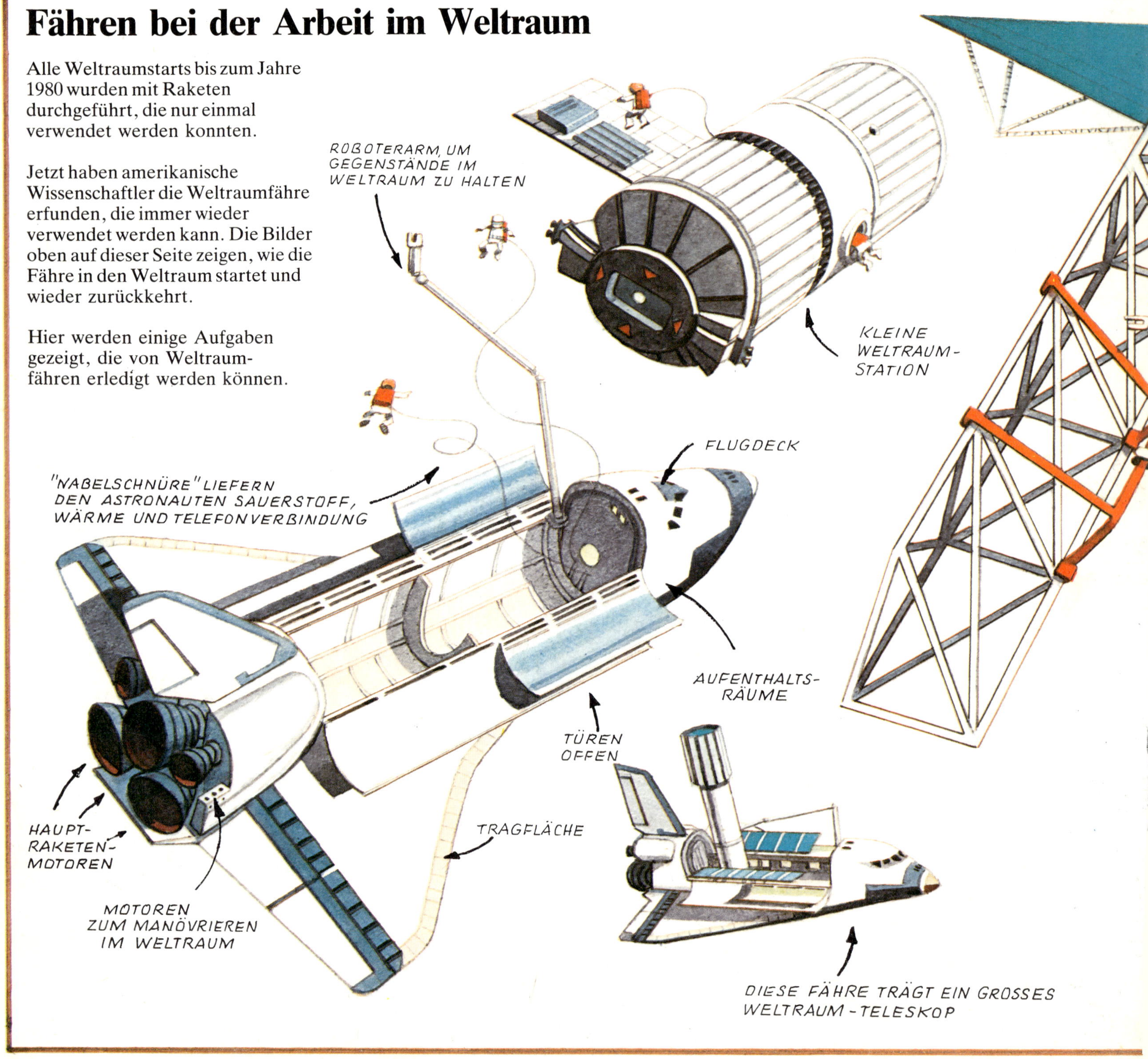

Der Laderaum steht jetzt offen. Die Fracht dieses Fluges wird herausgenommen.

Später kehrt die Fähre wieder zur Erde zurück. Sie ist jetzt rotglühend.

Jetzt fliegt sie wie ein Flugzeug und setzt zu einer normalen Landung an.

Bald ist die Weltraumfähre für die nächste Weltraummission bereit.

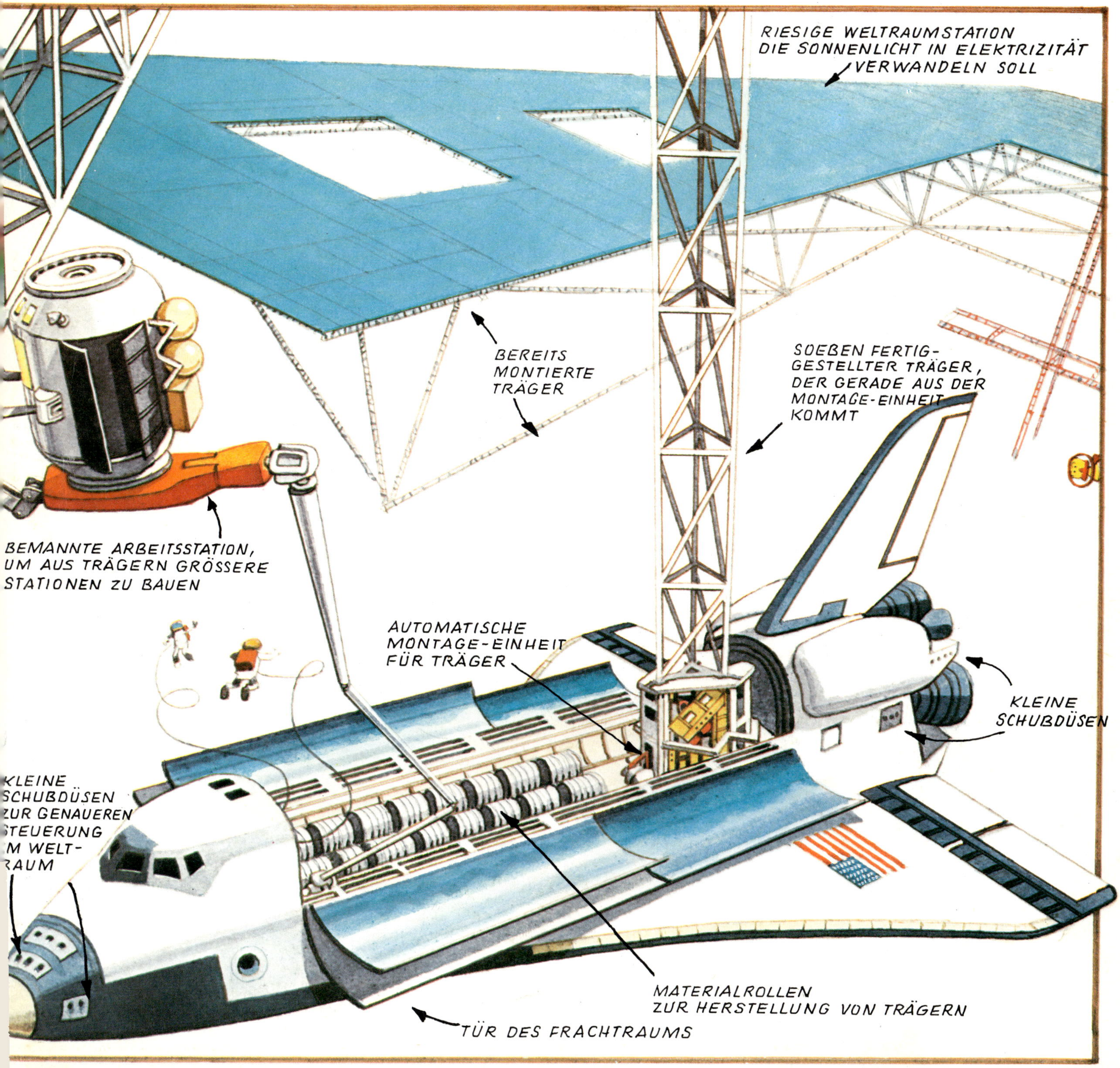

Wissenswertes über das Fliegen

Der längste Flug mit Pedalkraft

Viele Jahre lang haben die Menschen versucht, Flugzeuge zu bauen, die sie mit Pedalkraft betreiben konnten.

Dies ist die „Gossamer Albatross". Sie ist sehr leicht und hat besonders lange Tragflächen, um sie in der Luft zu halten.

Ein Amerikaner, Bryan Allen, flog sie mit Pedalkraft im Jahre 1979 in 2 Stunden 49 Minuten von England nach Frankreich.

Der längste Fall

Ein amerikanischer Offizier sprang in über 31 Kilometer Höhe aus einem Ballon und fiel fünf Minuten lang, ehe er seinen Fallschirm öffnete.

Die meisten Sprünge an einem Tag

Im Jahre 1979 machte ein Engländer, David Parchment, an einem Tag 233 Fallschirmabsprünge. Er brauchte dazu 18 Stunden und 7 Minuten.

Erster Durchbruch durch die Schallmauer

Der Schall pflanzt sich mit einer Geschwindigkeit von 1224 Stundenkilometer fort. Captain „Chuck" Yeager durchbrach 1947 erstmals die Schallmauer.

Von der Sonne betrieben

Die meisten Flugzeugmotoren verbrennen Treibstoff. Dieses Flugzeug hat Solarkollektoren auf den Tragflächen, die das Sonnenlicht in Elektrizität verwandeln, die den Propeller antreibt.

Das größte Flugzeug der Welt

Dieses riesige Herkules-Flugboot wurde von einem reichen Amerikaner, Howard Hughes, 1947 konstruiert und geflogen. Seitdem ist es nie wieder geflogen. Es hat acht Motoren und die größte Flügelspannweite, die je an einem Flugzeug gemessen wurde, nämlich 97,54 m. Das Flugzeug ist aus Holz gebaut und trug den Spitznamen „Spruce Goose" (die herausgeputzte Gans).

Im Ersten Weltkrieg (1914–1918) trugen die Piloten Lederjacken, Helme und Schutzbrillen, um sich zu schützen und im offenen Cockpit zu wärmen.

Im Zweiten Weltkrieg (1939–1945) trugen die Piloten Helme mit Kopfhörern und eine Sauerstoffmaske mit einem Mikrofon, damit sie mit den Stützpunkten sprechen konnten.

Heute tragen Jagdfliegerpiloten Spezialhelme wie die von Astronauten. Ein solcher Helm schützt sie beim Flug in großer Höhe oder mit hoher Geschwindigkeit.

Titel der englischen Originalausgabe:
All you want to know about AEROPLANES, ROCKETS & BALLOONS

Übersetzung: Heinz Nagel
Lektorat: Monika Raeithel-Thaler

München – Wien – Hollywood/Florida, USA
Bestellnummer: 8249
ISBN 3 505 08249 X